基礎からの数理統計・データ分析入門

本田竜広　著

学術図書出版社

はじめに

本書は, 大学生を対象として, 数理統計及びデータ分析の入門書として書かれたものである. 近年, 初等、中等教育（中学・高校）の多様化に伴い、大学入学者の数学科目における履修歴も多様化している。特に、数学の基礎となる基礎解析の分野（関数・極限・微分・積分）を全く学ばなかった学生, または、学んではいるものの内容を十分に理解していない学生が少なからず入学している.

このような現実を考慮して, 本書では第 1 章に、基礎解析の分野のトピックを記述し, 多くの学生が理解できるように配慮した. 高等学校の数学 III では扱わない事項も少し含むように記述した。

さて、いくつかの数値があれば、平均値、期待値など、いわゆる統計量を計算することができる。このように、いくつかの数値の組・集まりから、統計量を計算する分野は、記述統計と呼ばれる。つまり、統計量の数学的理論を確立する分野である。

例えば、さいころの 2 の目が出る確率は $\dfrac{1}{6}$ である。10 個のさいころを一斉に投げたときに 2 の目が出ているさいころの数が 3 個だけである確率は、（本書で学ぶが）${}_{10}C_3\left(\dfrac{1}{6}\right)^3\left(\dfrac{5}{6}\right)^7$ と計算することができる。

しかし、現実には、さいころの 2 の目が出る確率は $\dfrac{1}{6}$ であるだろうか？さいころに 6 の目が出やすく細工がしてあれば、当然 2 の目が出るのは難しくなる。1 辺の長さが 2 mの立方体でさいころを作ったら、転がりにくいので、このことを利用して、自分の出したい目を上にして投げれば、その通りにさいころの目が出るだろう。実際に、さいころがあり、それを投げてみないことには、2 の目が出るかどうかはわからない。すなわち、実験による検証が必要になる。そのため、実験値、観測値（データ）から統計量を計算し、その結果を考察するわけである。このように、統計量などからデータ自体を分析する分野は、データ分析と呼ばれる。

とはいえ、記述統計、データ分析のどちらも統計的手法を考察するうえでは、別々の分野とは言えない。そもそも数学的分野に境界は無い。ただ、データがあれば統計量は必ず計算できる。そして、計算間違いしなければ、１通りの数値が求められるが、その数値をどのように解釈するのかは、1 通りではない。例えば、天気予報の降水確率 0 %は、絶対に雨は降らないということだろうか？つまり、データ分析においては、「この解釈が絶対である」という保証がないことを念頭に置く必要がある。

もっと重要なことは、そのデータ自体の信頼度である。統計的手法では、全体の集まり（母集団）からいくつか（標本）を取り出し、その標本を考察することで母集団を考察する。このとき、その標本の選び方が無作為でなければ、母集団を正しく判断することが困難になる。裏を返せば、恣意的な標本を選べば、その標本から統計量が計算でき、恣意的な結果が得られるわけである。「数値は嘘をつかないが、?つきは数値を使う」、統計的手法を用いて、騙したり、騙されたりしないようにしたいものである。そのためにも、大量のデータ・情報があふれる現代では、データサイエンスの重要性が叫ばれる。

本書は入門的な内容であるので、もっと詳細な内容については、他の文献などで学んで欲しい。本書が、多くの学習者に対して, 数理統計及びデータ分析への理解の一助になることを願っている.

2023 年 1 月

著　　者

目次

第1章　基礎解析的事項

この章の内容は, 微分積分学に限らず, 大学で数学を学ぶ上で基礎となる数学的準備である。主な内容は, 集合と写像, 関数とグラフ, 指数関数, 対数関数, 三角関数, 数列, 極限、微分、積分である。

1.1　集合と式

集合の基本的性質について述べる。

1.1.1　集合の性質

ある性質を満たすものの集まりを **集合**という。集合に属しているものをその集合の**元**(げん)または **要素**という。 数学では習慣上, 集合をアルファベットやギリシャ文字の大文字で表し, 要素を小文字で表すことが多い。 x が集合 A に属することを,

$$x \in A \text{ または } A \ni x$$

と表す。また, x が A に属しないことを, 記号で

$$x \notin A \text{ または } A \not\ni x$$

と表す。集合の表し方には, 例えば, 1, 2, 3, 4, 5 を要素とする集合は

$$\{1, 2, 3, 4, 5\}$$

と表すこともできるし,

$$\{x \,|\, 1 \leqq x \leqq 5,\, x \text{ は整数}\}$$

と表すこともできる。このように具体的に要素（元）を並べる表し方と

$$A = \{\, x \,|\, x \text{が満たす条件} \,\}$$

のように集合の要素（元）が満たす条件を明示する表し方の2通りがある。

例 1 $A = \{x \,|\, a \leqq x \leqq b\}$ とおくとき, $a \leqq x \leqq b$ を満たす実数 x に対しては, $x \in A$ であり, $x < a$ または $x > b$ を満たす x に対しては $x \notin A$ である。

例 2 $B = \{\,(x, y) \,|\, x^2 + y^2 < 4,\ x, y \text{は実数} \,\}$ とおくとき, B は平面において, 原点 $(0, 0)$ が中心で半径が 2 の円の内部である。このとき, $(1, \sqrt{2}) \in B$, $(3, -1) \notin B$ が成立する。

問題 1 次の集合について, $\{\, x \,|\, x \text{が満たす条件} \,\}$ で表されている集合は具体的に要素（元）を並べる表し方で表し, 具体的に要素（元）を並べる表し方で表されている集合は $\{\, x \,|\, x \text{が満たす条件} \,\}$ で表せ。

(1) $\{x \,|\, x^2 < 9, x \text{は整数}\,\}$　(2) $\{x \,|\, x^2 \leqq 16,\ x \text{は自然数}\,\}$

(3) $\{x \,|\, -3 \leqq x \leqq 4, x \text{は奇数}\,\}$　(4) $\{\, 0, 3, 6, 9\}$

(5) $\{\, 2, 4, 8, 16, 32, 64, \ldots\}$　(6) $\{\, -1, 6, 13, 20, 27, 34, 41, \cdots\}$

解　(1) $\{\, -2, -1, 0, 1, 2\}$　(2) $\{\, 1, 2, 3, 4\}$　(3) $\{\, -3, -1, 1, 3\}$

(4) $\{x \,|\, x = 3n,\ n = 0, 1, 2, 3\}$　(5) $\{x \,|\, x = 2^n,\ n \text{は自然数}\,\}$

(6) $\{x \,|\, x = 7n - 8,\ n \text{は自然数}\,\}$

よく使われる数には

自然数: $1, 2, 3, \ldots$ (物の集まりの個数や物の順位を表すのに用いられる)

整　数: $0, \pm 1, \pm 2, \pm 3, \ldots$ (自然数は正の整数である)

有理数: 分数 $\dfrac{a}{b}$ $(a, b$ は整数で $b \neq 0)$ で表される

無理数: $\sqrt{2} = 1.41421\cdots$, $\pi = 3.14159265\cdots$ など循環しない無限小数

などがあり, 有理数と無理数を合わせた数が実数である。実数 (Real number) 全体の集合を $\mathbb{R}$ で表し, 自然数 (Natural number) 全体の集合, 整数 (ドイツ語で ganze Zahl) 全体の集合, 有理数全体の集合をそれぞれ, $\mathbb{N}$, $\mathbb{Z}$, $\mathbb{Q}$ (商は英語で Quotient) で表す。実数や有理数においては, 四則演算, すなわち, たし算（加法）, 引き算（減法）, かけ算（乗法）, 割り算（除法）(0 で割ることは除く）を自由に行うことができる* 。四則演算を自由に行うことができる数の集合は, 実数全体, 有理数全体, その他に複素数全体等がある。

a, b は実数で $a < b$ とする。このとき、次の形の実数の部分集合を **区間 (Interval)** といい、記号で

$$
\begin{aligned}
&(a,b) = \{x \mid a < x < b\}, &&[a,b] = \{x \mid a \leqq x \leqq b\} \\
&[a,b) = \{x \mid a \leqq x < b\}, &&(a,b] = \{x \mid a < x \leqq b\} \\
&(a,\infty) = \{x \mid a < x\}, &&(-\infty,b) = \{x \mid x < b\} \\
&[a,\infty) = \{x \mid a \leqq x\}, &&(-\infty,b] = \{x \mid x \leqq b\} \\
&\quad (-\infty,\infty) = \mathbb{R}
\end{aligned}
$$

と表す。特に

$$(a,b),\ [a,b],\ [a,b),\ (a,b]$$

の形の区間を **有界区間**といい、

$$(-\infty,b),\ (-\infty,b],\ (a,\infty),\ [a,\infty),\ (-\infty,+\infty)$$

の形の区間を **無限区間**という。また (a,b) および $(-\infty,b)$, (a,∞) の形の区間を **開区間**といい、$[a,b]$ および $(-\infty,b]$, $[a,\infty)$ の形の区間を **閉区間**という。$\mathbb{R} = (-\infty,\infty)$ は開区間でかつ閉区間である。

集合 A の要素がすべて集合 B に含まれるとき, A を B の **部分集合**といい, 記号で $A \subset B$ または $B \supset A$ と表す。また, $A \subset B$ かつ $B \subset A$ のとき $A = B$ と表す。要素を 1 つも含まない集合を**空集合**といい, $\emptyset$ と表す。空集合は任意の集合の部分集合であると約束する。

*例えば, $2 \div 3$ は整数ではないので整数の範囲では割り算を自由に行うことができない

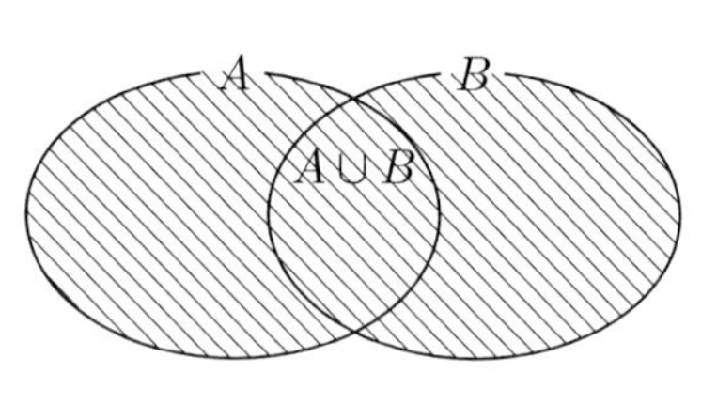

2 つの集合 A, B に対して,

$$A \cup B = \{x \,|\, x \in A \text{ または } x \in B\}$$

を A と B の **和集合**, **合併集合**または **結び** といい、

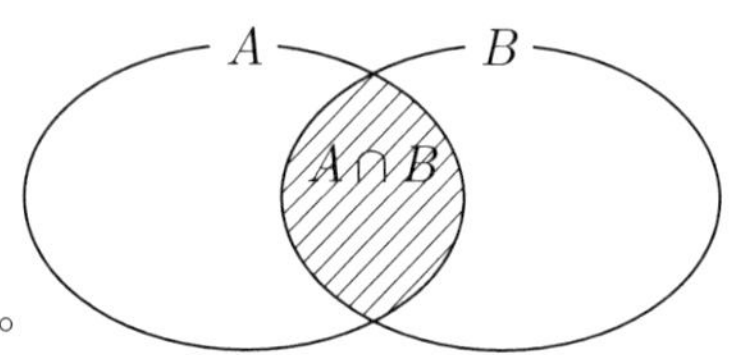

$$A \cap B = \{x \,|\, x \in A \text{ かつ } x \in B\}$$

を A と B の **共通集合**または **交わり**という。

一般に n 個の集合 $A_j \quad (j = 1, 2, \ldots, n)$ に対しても少なくとも 1 つの A_j に含まれる要素 x の全体を

$$\bigcup_{j=1}^{n} A_j = A_1 \cup A_2 \cup \cdots \cup A_n$$

と表し, $A_j \quad (j = 1, 2, \ldots, n)$ の **和集合**という。またどの A_j にも含まれる要素 x の全体を

$$\bigcap_{j=1}^{n} A_j = A_1 \cap A_2 \cap \cdots \cap A_n$$

と表し, $A_j \quad (j = 1, 2, \ldots, n)$ の **共通集合**という。

例 3 $A = \{1, 2, 3, 4, 5\},\ B = \{2, 4, 6\}$ とおくとき,

$$A \cup B = \{1, 2, 3, 4, 5, 6\}, \quad A \cap B = \{2, 4\}$$

例 4 区間を $A = (0, 2),\ B = (1, 2],\ C = [1, 3),\ D = [3, 4]$ とおくとき,

$$B \subset C, \quad B \not\subset A, \quad A \cup C = (0, 3), \quad A \cap C = [1, 2), \quad A \cap D = \emptyset$$

考える集合の範囲の全体の集合 X を **全集合**の部分集合のみとするとき, X の部分集合 A に対し,

$$^{\complement}A = \{x \in X \mid x \notin A\}$$

によって定義される X の部分集合を A の **補集合** (Complement) という。

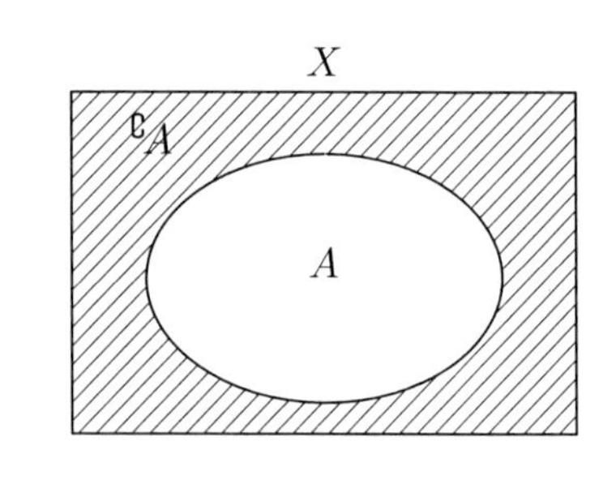

これを用いて, 2 つの集合 A, B の差集合 $A \setminus B$ を次で定義する。

$$A \setminus B = A - B = A \cap {}^{\complement}B$$

問題 2 $A = \{1, 2, 3, 4, 5\}$, $B = \{-2, 3, 4, 6\}$, $C = \{0, 1, 5, 7, 9\}$ とするとき, 次の集合を求めよ。

(1) $A \cup B$ (2) $A \cap B$ (3) $A \cap {}^{\complement}B$ (4) $B \cup C$ (5) $B \cap C$ (6) $A \cup B \cup C$

解 (1) $\{-2, 1, 2, 3, 4, 5, 6\}$ (2) $\{3, 4\}$ (3) $\{1, 2, 5\}$ (4) $\{-2, 0, 1, 3, 4, 5, 6, 7, 9\}$ (5) $\emptyset$ (6) $\{-2, 0, 1, 2, 3, 4, 5, 6, 7, 9\}$

1.1.2 式の計算

n を自然数とするとき,

$$n! = n(n-1) \cdots 2 \cdot 1, \quad 0! = 1$$

と定義し, これを **階乗**と呼ぶ。

n 個のものから r 個取り出して並べる **順列 (Permutation)** ${}_n\mathrm{P}_r$ は

$$ {}_n\mathrm{P}_r = \frac{n!}{(n-r)!} = n(n-1) \times \cdots \times \{n-(r-1)\}$$

で与えられる。

このとき, n 個のものから r 個取り出す **組合せ (Combination)** ${}_n\mathrm{C}_r$ は

$$ {}_n\mathrm{C}_r = \frac{{}_n\mathrm{P}_r}{r!} = \frac{n!}{(n-r)!\,r!} \tag{1.1}$$

で与えられる。

定理 1 (組合せ ${}_n\mathrm{C}_r$) 組合せ ${}_n\mathrm{C}_r$ について, 次が成立する。

(1) ${}_n\mathrm{C}_0 = {}_n\mathrm{C}_n = 1$

(2) ${}_n\mathrm{C}_1 = {}_n\mathrm{C}_{n-1} = n$

(3) ${}_n\mathrm{C}_r = {}_n\mathrm{C}_{n-r}$

(4) ${}_n\mathrm{C}_r + {}_n\mathrm{C}_{r-1} = {}_{n+1}\mathrm{C}_r$

(5) $r \times {}_n\mathrm{C}_r = n \times {}_{n-1}\mathrm{C}_{r-1}$

※ r は式の意味がある範囲とする。

証明　(1), (2), (3) は、組合せの定義式 (1.1) よりわかる。

(4) については, 次のように示される。

$$\begin{aligned}
{}_n\mathrm{C}_r + {}_n\mathrm{C}_{r-1} &= \frac{n!}{(n-r)!\,r!} + \frac{n!}{(n-r+1)!\,(r-1)!} \\
&= \frac{(n-r+1)\times n!}{(n-r+1)\times(n-r)!\,r!} + \frac{n!\times r}{(n-r+1)!\,(r-1)!\times r} \\
&= \frac{(n+1)\times n! - r\times n!}{(n-r+1)!\,r!} + \frac{n!\times r}{(n-r+1)!\,r!} \\
&= \frac{(n+1)!}{(n+1-r)!\,r!} = {}_{n+1}\mathrm{C}_r
\end{aligned}$$

(5) については, 次のように示される。

$$\begin{aligned}
r\times {}_n\mathrm{C}_r = r\times\frac{n!}{(n-r)!\,r!} &= \frac{n\times(n-1)!}{(n-r)!\,(r-1)!} \\
&= n\times\frac{(n-1)!}{\{(n-1)-(r-1)\}!\,(r-1)!} = n\times {}_{n-1}\mathrm{C}_{r-1}
\end{aligned}$$

□

定理 2　n を自然数とするとき, 次が成立する。

$$\begin{aligned}
(1)\ (x+y)^n &= {}_n\mathrm{C}_0x^n + {}_n\mathrm{C}_1x^{n-1}y + \cdots + {}_n\mathrm{C}_{n-1}xy^{n-1} + {}_n\mathrm{C}_ny^n \\
&= \sum_{r=0}^{n} {}_n\mathrm{C}_r x^{n-r}y^r \quad (\text{ただし } x^0=1, y^0=1) \\
(2)\ x^n - y^n &= (x-y)(x^{n-1} + x^{n-2}y + x^{n-3}y^2 + \cdots + xy^{n-2} + y^{n-1})
\end{aligned}$$

※ (1) は **二項定理**と呼ばれ、${}_n\mathrm{C}_r$ は **二項係数**とも呼ばれている。

証明　(1) n に関する数学的帰納法で示す。

$n=1$ のとき　${}_1\mathrm{C}_0 = {}_1\mathrm{C}_1 = 1$ より成立することがわかる。

$n=k$ のとき成立するとすると、定理 1 (4) より

$$\begin{aligned}
&(x+y)^{k+1} = (x+y)(x+y)^k \\
=&(x+y)({}_k\mathrm{C}_0x^k + {}_k\mathrm{C}_1x^{k-1}y + \cdots + {}_k\mathrm{C}_{k-1}xy^{k-1} + {}_k\mathrm{C}_ky^k)
\end{aligned}$$

$$={}_k\mathrm{C}_0x^{k+1}+({}_k\mathrm{C}_1+{}_k\mathrm{C}_0)x^ky+\cdots+({}_k\mathrm{C}_k+{}_k\mathrm{C}_{k-1})xy^k+{}_k\mathrm{C}_ky^{k+1}$$
$$={}_{k+1}\mathrm{C}_0x^{k+1}+{}_{k+1}\mathrm{C}_1x^ky+\cdots+{}_{k+1}\mathrm{C}_kxy^k+{}_{k+1}\mathrm{C}_{k+1}y^{k+1}$$

だから、$n=k+1$ のとき成立することがわかる。
(2) は、右辺を展開して整理すればわかる。 □

実際に二項展開して記述してみると,

$$\begin{aligned}
(x+y)^1 &= x+y\\
(x+y)^2 &= x^2+2xy+y^2\\
(x+y)^3 &= x^3+3x^2y+3xy^2+y^3\\
(x+y)^4 &= x^4+4x^3y+6x^2y^2+4xy^3+y^4\\
(x+y)^5 &= x^5+5x^4y+10x^3y^2+10x^2y^3+5xy^4+y^5\\
\cdots & \quad \cdots\cdots\cdots\cdots\cdots\cdots
\end{aligned}$$

上の式の係数だけから作られる右図の三角形状は, **Pascal(パスカル)の三角形** と呼ばれている。

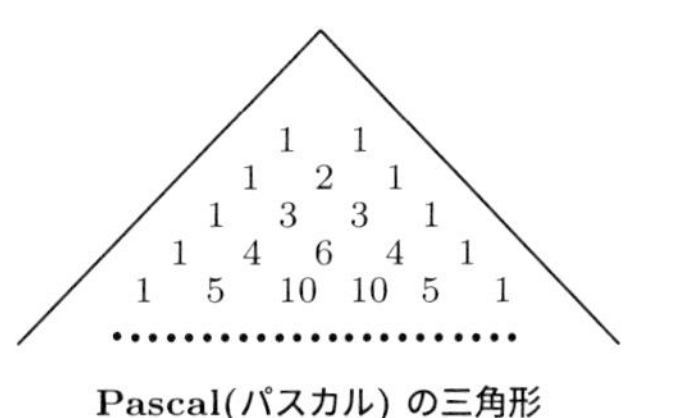

Pascal(パスカル) の三角形

※ 定理 1 (4) の性質を書き表したのが、Pascal(パスカル)の三角形である。

問題 3 $(2x+y)^{10}$ を展開したとき, x^3y^7 の係数を求めよ。

解　960

与えられた文字式を何個かの文字式の積で表すことをその文字式の **因数分解**という。

性質 3 (因数分解の公式)

(1) $a^2+2ab+b^2=(a+b)^2$

(2) $a^2-2ab+b^2=(a-b)^2$

(3) $ac+ad=a(c+d)$

(4) $acx^2+(ad+bc)x+bd=(ax+b)(cx+d)$

(5) $a^2-b^2=(a+b)(a-b)$

(6) $a^3+3a^2b+3ab^2+b^3=(a+b)^3$

(7) $a^3-3a^2b+3ab^2-b^3=(a-b)^3$

(8) $a^3+b^3=(a+b)(a^2-ab+b^2)$

(9) $a^3-b^3=(a-b)(a^2+ab+b^2)$

(10) $a^3+b^3+c^3-3abc=(a+b+c)(a^2+b^2+c^2-ab-bc-ca)$

特に、全ての実数に対して成立する等式を **恒等式**という。つまり、因数分解の公式はすべて恒等式である。

問題 4 次の式を因数分解せよ。

(1) $2xy^2-x^2y$ (2) $4a^2-9b^2$ (3) $3x^2-4x-4$ (4) $5m^2-7\ell m-6\ell^2$

(5) $a^2-2b^2-ab-2a+7b-3$ (6) $(x-y)^3+(y-z)^3+(z-x)^3$

解 (1) $xy(2y-x)$ (2) $(2a-3b)(2a+3b)$ (3) $(x-2)(3x+2)$
(4) $(5m+3\ell)(m-2\ell)$ (5) $(a-2b+1)(a+b-3)$ (6) $3(x-y)(y-z)(z-x)$

問題 5 次の式を計算せよ。

(1) $\dfrac{x+3}{x^2-4x+3}-\dfrac{x+1}{x^2-3x+2}$ (2) $1-\dfrac{1}{1-\dfrac{1}{1-\dfrac{1}{x}}}$

(3) $\dfrac{x^3}{(x-y)(x-z)}+\dfrac{y^3}{(y-z)(y-x)}+\dfrac{z^3}{(z-x)(z-y)}$

(4) $\dfrac{x+3}{x+1}-\dfrac{x+4}{x+2}-\dfrac{x-4}{x-2}+\dfrac{x-5}{x-3}$

解 (1) $\frac{3}{(x-3)(x-2)}$ (2) x (3) $x+y+z$ (4) $\frac{-8(2x-1)}{(x-3)(x-2)(x+1)(x+2)}$

問題 6 次の式が恒等式であるように, 定数 a, b, c, d の値を求めよ。

(1) $x^3+x-1=a(x-1)^3+b(x-1)^2+c(x-1)+d$

(2) $\dfrac{1}{x^2-3x-4}=\dfrac{a}{x-4}+\dfrac{b}{x+1}$

(3) $\dfrac{1}{x^3+1}=\dfrac{a}{x+1}+\dfrac{bx+c}{x^2-x+1}$

(4) $\dfrac{2x-1}{x^4-1}=\dfrac{a}{x-1}+\dfrac{b}{x+1}+\dfrac{cx+d}{x^2+1}$

解 (1) $a=1,\ b=3,\ c=4,\ d=1$ (2) $a=\frac{1}{5},\ b=-\frac{1}{5}$

(3) $a=\frac{1}{3},\ b=-\frac{1}{3},\ c=\frac{2}{3}$ (4) $a=\frac{1}{4},\ b=\frac{3}{4},\ c=-1,\ d=\frac{1}{2}$

1.2 関数

1.2.1 関数の一般的定義

2 つの集合 X, Y が与えられていて, X の各要素にある対応規則 f のもとで Y の要素が唯一つ対応しているときこの対応規則 f を X を定義域とする **関数 (function)** または **写像**という。2 つの集合 X, Y を明示するために, 関数 f を $f : X \to Y$ と表すこともある。$x\,(\in X)$ に対応規則 f により $y\,(\in Y)$ が対応しているとき, $y=f(x)$ と表す。 関数 $f : X \to Y$ を $y=f(x)$ や $f(x)$ と表すこともある。このとき, x を **独立変数**といい, y を **従属変数**という。例えば $y=2x-1$ のように独立変数と従属変数だけで表すこともある。また, 定義域 X を明示する必要がある場合には, $y=f(x) \quad (x \in X)$ または上記の表し方 $f : X \to Y$ を使用する。

集合 $f(X)=\mathrm{Im} f=\{f(x)\,|\,x\in X\}$ を f の **値域**または f による X の **像 (Image)** という。$f(X)\subset\mathbb{R}$ のとき f を **実数値関数**という。

例 5 $y=f(x)=[x]$ († x を越えない最大の整数) の定義域は $\mathbb{R}$ であり, 値域は整数全体の集合である。

---

† Gauss(ガウス) 記号と呼ばれている。

例 6 $y = f(x) = \dfrac{1}{2x-1}$ の定義域は $\mathbb{R} \setminus \{\frac{1}{2}\}$ であり, 値域は $\mathbb{R} \setminus \{0\}$ である。

関数 $f : X \to Y$ に対して, $x_1, x_2 \in X, x_1 \neq x_2$ ならばつねに $f(x_1) \neq f(x_2)$ のとき f は **単射**または **1 対 1** であるという。$f(X) = Y$ のとき f は **全射**であるという。 $f : X \to Y$ が全射かつ単射のとき f は **全単射**であるという。

例 7 $f(x) = x^2 \ (x \in \mathbb{R})$ について, は全射でも単射でもない。しかし, 定義域を変えて $f(x) = x^2 \ (x \geqq 0)$ とすると, $f : \{x \geqq 0\} \to \{y \geqq 0\}$ は全単射である。

例 8 集合 X に対して, $I_X(x) = x \quad (x \in X)$ によって, 定義される写像 $I_X : X \to X$ を X の **恒等写像 (Identity map)** という。 恒等写像 I_X は全単射である。

A を実数全体 $\mathbb{R}$ の部分集合とする。A で定義された実数値関数 $f : A \to \mathbb{R}$ とする。 そのとき,

(1) 任意の $x, y \in A, x < y$ に対して, $f(x) < f(y)$ が常に成立するとき, 関数 $f : A \to \mathbb{R}$ は **（狭義）単調増加**であるという。

(2) 任意の $x, y \in A, x < y$ に対して, $f(x) \leqq f(y)$ が常に成立するとき, 関数 $f : A \to \mathbb{R}$ は **広義単調増加**であるという。

(3) 任意の $x, y \in A, x < y$ に対して, $f(x) > f(y)$ が常に成立するとき, 関数 $f : A \to \mathbb{R}$ は **（狭義）単調減少**であるという。

(4) 任意の $x, y \in A, x < y$ に対して, $f(x) \geqq f(y)$ が常に成立するとき, 関数 $f : A \to \mathbb{R}$ は **広義単調減少**であるという。

f が狭義単調増加または狭義単調減少ならば, f は 1 対 1 であるが, その逆は一般に成立しない。

1.2.2 合成関数と逆関数

関数 $f : X \to Y$ が全単射のとき, 任意の $y \in Y$ に対して, $f(x) = y$ を満たす $x \in X$ が唯一つ存在する。$y \in Y$ に対して, $f(x) = y$ を満たす $x \in X$ を対応させる対応規則を f^{-1} とかき, $f^{-1} : Y \to X$ を f の **逆関数**または **逆写像**という。このとき, f の値域が f^{-1} の定義域となる。

例 9 $y = f(x) = 2x + 3$ $(x \in \mathbb{R})$ のとき, $f : \mathbb{R} \to \mathbb{R}$ は全単射であり,
$x = f^{-1}(y) = \dfrac{1}{2}(y - 3)$ である。

関数 $f : X \to Y$ と関数 $g : Y \to Z$ に対して,

$$g \circ f(x) = g\left(f(x)\right) \quad (x \in X)$$

によって定義された関数 $g \circ f : X \to Z$ を f と g の **合成関数**という。

例 10 2 つの関数 $f(x) = x^2 + 1$, $g(x) = x^3$ において, f と g の合成関数は $g \circ f(x) = (x^2 + 1)^3$ で, g と f の合成関数は $f \circ g(x) = x^6 + 1$ である。

問題 7 2 つの関数 $f(x) = x^2 - 4x + 1$, $g(x) = 2x - 1$ について, 次の問に答えよ。

(1) f と g の合成関数 $g \circ f$ および g と f の合成関数 $f \circ g$ を求めよ。

(2) 関数 $f(x) = x^2 - 4x + 1 \quad (x \geqq 2)$ の逆関数 $f^{-1}(x)$ とその定義域を求めよ。

解 (1) $g \circ f(x) = 2x^2 - 8x + 1, \quad f \circ g(x) = 4x^2 - 12x + 6$

(2) $f^{-1}(x) = 2 + \sqrt{x + 3}$, 定義域 $\{x \mid x \geqq -3\}$

問題 8 次を示せ。

(1) $f : X \to Y, \quad g : Y \to Z, \quad h : Z \to W$ のとき,

$$(h \circ g) \circ f = h \circ (g \circ f)$$

が成立する。

(2) $f : X \to Y$ が全単射であるための必要十分条件は,

$$g \circ f = I_X,\ f \circ g = I_Y$$

を満たす $g : Y \to X$ が存在することである。

解　省略

1.3　数列とその和

実数を $a_1, a_2, \ldots, a_n, \ldots$ というように並べたものを **数列**といい, $\{a_n\}_{n=1}^{\infty}$ または $\{a_n\}$ と表す。数列 $\{a_n\}$ は自然数全体の集合 $\mathbb{N}$ を定義域とする実数値関数と見なすことができる。

数列 $\{a_n\}$ において, a_1 を **初項**といい, a_n を **第 n 項**または **一般項**という。数列 $\{a_n\}$ が $\mathbb{N}$ を定義域とする実数値関数として, それぞれ（狭義）単調増加, 広義単調増加, （狭義）単調減少, 広義単調減少であるとき, 数列 $\{a_n\}$ はそれぞれ **（狭義）単調増加**, **広義単調増加**, **（狭義）単調減少**, **広義単調減少**であるという。

数列 $\{a_n\}$ において,

$$a_n - a_{n-1} = d\,(\text{一定}) \quad (n \geqq 2)$$

が成立するとき, 数列 $\{a_n\}$ は **公差** d の **等差数列**であるという。このとき, 一般項 $\{a_n\}$ は

$$a_n = a_1 + (n-1)d \quad (n \geqq 1)$$

と n の1次式で表される。

$a_1 \neq 0$ を満たす数列 $\{a_n\}$ において,

$$\frac{a_n}{a_{n-1}} = r(\neq 0)\,(\text{一定}) \quad (n \geqq 2)$$

が成立するとき, 数列 $\{a_n\}$ は **公比** r の **等比数列**であるという。このとき, 一般項 $\{a_n\}$ は

$$a_n = a_1 r^{n-1} \quad (n \geqq 1)$$

と表される。

問題 9 次の数列 $\{a_n\}$ は等差数列または等比数列とする。数列 $\{a_n\}$ の第1項から第6項までが次のように与えられているとき $\{a_n\}$ の一般項を求めよ。

(1) $-3, 0, 3, 6, 9, 12, \ldots$　(2) $1, -2, 4, -8, 16, -32, \ldots$

(3) $10, 8, 6, 4, 2, 0, \ldots$　(4) $3, 1, \frac{1}{3}, \frac{1}{9}, \frac{1}{27}, \frac{1}{81}, \ldots$

解　(1) $a_n = 3n - 6$　(2) $a_n = (-2)^{n-1}$　(3) $a_n = -2n + 12$　(4) $a_n = \left(\frac{1}{3}\right)^{n-2}$

Σ シグマ記号：和を表す記号　数列 $\{a_n\}$ において, 第1項から第 n 項までの和 $S_n = a_1 + a_2 + \cdots + a_n$ を $\sum_{k=1}^{n} a_k$ で表す。すなわち,

$$\sum_{k=1}^{n} a_k = a_1 + a_2 + \cdots + a_n$$

次が成立する：

定理 4 2つの数列 $\{a_n\}, \{b_n\}$ と実数 α, β に対して,

$$\sum_{k=1}^{n} (\alpha a_n + \beta b_n) = \alpha \sum_{k=1}^{n} a_n + \beta \sum_{k=1}^{n} b_n$$

が成立する。

定理 5 次は基本的な数列の和の公式である：

(1) $\sum_{k=1}^{n} 1 = n$

(2) $\sum_{k=1}^{n} k = \frac{n(n+1)}{2}$

(3) $\sum_{k=1}^{n} k^2 = \frac{n(n+1)(2n+1)}{6}$

(4) $\sum_{k=1}^{n} ar^{k-1} = \frac{a(1-r^n)}{1-r}$　$(r \neq 1)$ ：等比数列の和

証明　$S_n = a_1 + a_2 + \cdots + a_n$ とおく。

(1) $\displaystyle\sum_{k=1}^{n} 1 = 1 + 1 + \cdots + 1 = n$

(2) $2S_n = (1 + 2 + \cdots + n) + (n + (n-1) + \cdots + 1) = n(n+1)$

よって,

$$\sum_{k=1}^{n} k = \frac{n(n+1)}{2}$$

(3) $T_n = \dfrac{n(n+1)(2n+1)}{6}$ とおくと,

$$T_n - T_{n-1} = \frac{n(n+1)(2n+1)}{6} - \frac{n(n-1)(2n-1)}{6} = n^2$$

よって,

$$\begin{aligned} 2^2+3^2+\cdots+n^2 &= (T_2-T_1)+(T_3-T_2)+\cdots+(T_{n-1}-T_{n-2})+(T_n-T_{n-1}) \\ &= T_n - T_1 \end{aligned}$$

$T_1 = 1$ より,

$$\begin{aligned} \sum_{k=1}^{n} k^2 &= 1 + 2^2 + 3^2 + \cdots + n^2 \\ &= 1 + T_n - T_1 = T_n = \frac{n(n+1)(2n+1)}{6} \end{aligned}$$

が成立する。

(4) $S_n - rS_n = a + ar + \cdots + ar^{n-1} - \left(ar + ar^2 + \cdots + ar^n\right) = a\left(1 - r^n\right)$

よって,

$$\sum_{k=1}^{n} ar^{k-1} = \frac{a\left(1 - r^n\right)}{1 - r} \quad (r \neq 1)$$

が成立する。 □

問題 10 次の数列の和を n のできるだけ簡単な式で表せ。

(1) $\displaystyle\sum_{k=1}^{n} \left(\frac{1}{2}\right)^k$　(2) $\displaystyle\sum_{k=1}^{n} (1+3k)$　(3) $\displaystyle\sum_{k=1}^{n} \frac{1}{k(k+1)}$　(4) $\displaystyle\sum_{k=1}^{n} (1+k+3k^2)$

解　(1) $1 - \frac{1}{2^n}$　(2) $\frac{n(3n+5)}{2}$　(3) $\frac{n}{n+1}$　(4) $n(n^2+2n+2)$

1.4　数列の極限

自然数 n が限りなく大きくなることを $n \to \infty$ で表す。$n \to +\infty$ と書くこともある。数列 $\{a_n\}$ において, n が限りなく大きくなるとき a_n が実数 α に限りなく近づくならば $\{a_n\}$ は**極限 (値)α に収束する**といい, 記号

$$\lim_{n\to\infty} a_n = \alpha, \quad \text{または} \quad a_n \to \alpha \ \ (n \to \infty)$$

などで表す。このとき

$$\lim_{n\to\infty} a_n = \alpha \iff \lim_{n\to\infty} |a_n - \alpha| = 0$$

である。数列が収束しないとき, 数列は**発散**するという。特に, n が限りなく大きくなるとき, a_n が限りなく大きくなるならば, $\{a_n\}$ は **∞ に発散する**といい, 記号

$$\lim_{n\to\infty} a_n = \infty, \quad \text{または} \quad a_n \to \infty, \quad (n \to \infty)$$

などで表す。$a_n \to +\infty$ と書くこともある。また, n が限りなく大きくなるとき, $-a_n$ が限りなく大きくなるならば, $\{a_n\}$ は **$-\infty$ に発散する**といい, 記号

$$\lim_{n\to\infty} a_n = -\infty \quad \text{または} \quad a_n \to -\infty \ \ (n \to \infty)$$

などで表す。

例 11 次の極限を調べよ。

(1) $\displaystyle\lim_{n\to\infty} \frac{1}{n}$　　　(2) $\displaystyle\lim_{n\to\infty} n^2$

解 (1) n が大きくなっていくと $\dfrac{1}{n}$ は

$$\frac{1}{1}, \frac{1}{2}, \frac{1}{3}, \ldots, \frac{1}{100}, \ldots, \frac{1}{10000}, \ldots$$

のように限りなく 0 に近づいていくので $\displaystyle\lim_{n\to\infty} \frac{1}{n} = 0$ である。

(2) n が大きくなっていくと n^2 は

$$1, 4, 9, \ldots, 100, \ldots, 1000000, \ldots$$

のように限りなく大きくなっていくので $\lim_{n\to\infty} n^2 = \infty$ である。 □

数列の極限について, 次の定理が成り立つ。

定理 6 (数列の極限の性質)

$\lim_{n\to\infty} a_n = \alpha$, $\lim_{n\to\infty} b_n = \beta$ とするとき, 次が成立する。

(i) $\lim_{n\to\infty} ka_n = k\alpha$ (ただし, k は定数とする)

(ii) $\lim_{n\to\infty} (a_n \pm b_n) = \alpha \pm \beta$

(iii) $\lim_{n\to\infty} (a_n b_n) = \alpha\beta$

(iv) $\lim_{n\to\infty} \dfrac{a_n}{b_n} = \dfrac{\alpha}{\beta}$ (ただし, $\beta \neq 0$ とする)

(v) すべての n に対し $a_n \leqq b_n$ であるならば $\alpha \leqq \beta$

(vi) **はさみうちの原理**: すべての n に対し $a_n \leqq c_n \leqq b_n$ であり, かつ $\alpha = \beta$ であるならば, 数列 $\{c_n\}$ も収束し $\lim_{n\to\infty} c_n = \alpha = \beta$

例 12 次の極限を調べよ。

(1) $\lim_{n\to\infty} \dfrac{n-1}{n}$ (2) $\lim_{n\to\infty} \dfrac{n-1}{2n}$ (3) $\lim_{n\to\infty} \dfrac{\sin\sqrt{n}}{n}$

解 (1) $n \to \infty$ のとき, $\dfrac{1}{n} \to 0$ であるから定理 6 (ii) より

$$\lim_{n\to\infty} \frac{n-1}{n} = \lim_{n\to\infty} \left(1 - \frac{1}{n}\right) = \lim_{n\to\infty} 1 - \lim_{n\to\infty} \frac{1}{n} = 1 - 0 = 1$$

(2) $n \to \infty$ のとき, 前問の結果と定理 6 (i) より

$$\lim_{n\to\infty} \frac{n-1}{2n} = \frac{1}{2} \lim_{n\to\infty} \frac{n-1}{n} = \frac{1}{2} \times 1 = \frac{1}{2}$$

(3) 自然数 n について $-1 \leqq \sin\sqrt{n} \leqq 1$ が常に成り立つので,

$$-\frac{1}{n} \leqq \frac{\sin\sqrt{n}}{n} \leqq \frac{1}{n}$$

である。ところで $\lim_{n\to\infty}\left(-\frac{1}{n}\right)=\lim_{n\to\infty}\frac{1}{n}=0$ であるから, 定理6 (vi) により

$$\lim_{n\to\infty}\frac{\sin\sqrt{n}}{n}=0$$

である。 □

1.4.1 不定型の極限

$\lim_{n\to\infty} b_n=\infty$ であるならば常に $\lim_{n\to\infty}\frac{1}{b_n}=0$ である。
では, 分母も分子も無限大に発散する次の例を考えよう。

例 13 次の極限を調べよ。

$$(1)\ \lim_{n\to\infty}\frac{3n}{n^2+1}=\lim_{n\to\infty}\frac{\frac{3}{n}}{1+\frac{1}{n^2}}=\frac{0}{1+0}=0$$

$$(2)\ \lim_{n\to\infty}\frac{3n^2}{n^2+1}=\lim_{n\to\infty}\frac{3}{1+\frac{1}{n^2}}=\frac{3}{1+0}=3$$

このように, $n\to\infty$ のとき形式的に $\frac{\infty}{\infty}$ となる極限はいろいろな値をとりうる。このような型の極限は, **不定型の極限**と呼ばれている。不定型の極限にはこの他にも

$$\frac{\infty}{\infty},\qquad \frac{0}{0},\qquad 0\times\infty,\qquad \infty-\infty,\qquad 1^{\infty},\qquad \infty^{0},\qquad 0^{0}$$

などのような型があり, その極限を求めるためには, 各場合に応じた工夫が必要である。

例 14 次の極限を調べよ。

(1) $\lim_{n\to\infty}\frac{3n}{1+n}$　　(2) $\lim_{n\to\infty}\left(\sqrt{n+1}-\sqrt{n}\right)$

解 (1) $\lim_{n\to\infty}\frac{3n}{1+n}=\lim_{n\to\infty}\frac{3}{\frac{1}{n}+1}=\frac{3}{0+1}=\frac{3}{1}=3$

(2)

$$\lim_{n\to\infty}\left(\sqrt{n+1}-\sqrt{n}\right)=\lim_{n\to\infty}\frac{\sqrt{n+1}-\sqrt{n}}{1}$$

$$=\lim_{n\to\infty}\frac{\left(\sqrt{n+1}-\sqrt{n}\right)\left(\sqrt{n+1}+\sqrt{n}\right)}{1\times\left(\sqrt{n+1}+\sqrt{n}\right)}=\lim_{n\to\infty}\frac{1}{\sqrt{n+1}+\sqrt{n}}=0$$

□

問題 11 次の極限を調べよ。

(1) $\lim_{n\to\infty}\dfrac{3n^2+5}{4n^3-1}$　(2) $\lim_{n\to\infty}\dfrac{(n+1)(n+2)}{n^2}$　(3) $\lim_{n\to\infty}\dfrac{2n}{\dfrac{1}{n+1}-n}$

(4) $\lim_{n\to\infty}(\sqrt{n^2-2n}-n)$　(5) $\lim_{n\to\infty}\dfrac{3n+1}{2n-1}$　(6) $\lim_{n\to\infty}\dfrac{n^2+2n+3}{2n^2+1}$

(7) $\lim_{n\to\infty}(n-n^2)$　(8) $\lim_{n\to\infty}\dfrac{(-1)^n 2n^2}{n^2+5}$

解　(1) 0 (2) 1 (3) -2 (4) -1 (5) $\dfrac{3}{2}$ (6) $\dfrac{1}{2}$ (7) $-\infty$ に発散 (8) 発散

1.5　関数の極限

変数 x が $x<a$ を満たしながら定数 a に限りなく近づくことを記号

$$x \to a-0$$

で表す。このとき $f(x)$ がある定数 α に限りなく近づくならば, $f(x)$ は **$\boldsymbol{\alpha}$ に左 (側) 収束する**といい, 記号

$$\lim_{x\to a-0} f(x)=\alpha \quad \text{または} \quad f(x)\to\alpha \ \ (x\to a-0)$$

などと表し、α を**左 (側) 極限値**という。 同様に $x>a$ を満たしながら定数 a に限りなく近づくことを

$$x \to a+0$$

で表す。このとき $f(x)$ がある定数 β に限りなく近づくならば, $f(x)$ は **$\boldsymbol{\beta}$ に右 (側) 収束する**といい, 記号

$$\lim_{x\to a+0} f(x)=\beta \quad \text{または} \quad f(x)\to\beta \ \ (x\to a+0)$$

などと表し、β を**右 (側) 極限値**という。右側極限と左側極限を総称して **片側極限**という。特に, $a=0$ のときは簡単のため $x\to 0-0$, $x\to 0+0$ の代わりに $x\to -0$, $x\to +0$ と表す。

例 15

$$\lim_{x \to +0} \left(\frac{1}{x-2} - 1 \right) = -\frac{3}{2}$$

$$\lim_{x \to 2+0} \left(\frac{1}{x-2} - 1 \right) = \infty$$

$$\lim_{x \to 2-0} \left(\frac{1}{x-2} - 1 \right) = -\infty$$

$$\lim_{x \to -\infty} \left(\frac{1}{x-2} - 1 \right) = -1$$

$$\lim_{x \to \infty} \left(\frac{1}{x-2} - 1 \right) = -1$$

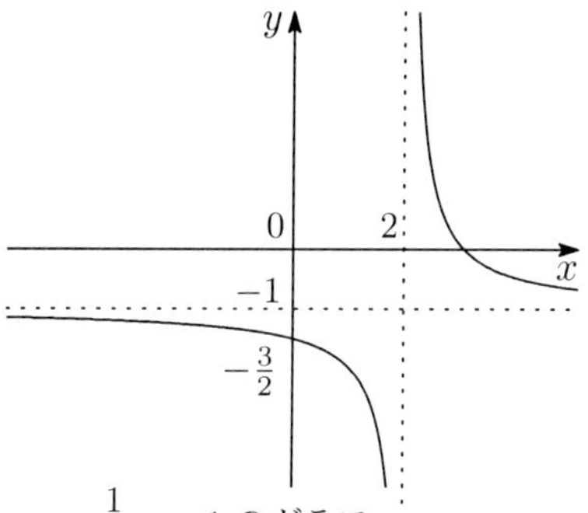

$y = \dfrac{1}{x-2} - 1$ のグラフ

変数 x が 1 でない値をとって、1 に限りなく近づくとき、関数

$$f(x) = \frac{x^3 - 1}{x - 1}$$

はどのようになるか調べてみよう。まず、$f(x)$ の定義域は $\{x \mid x \neq 1\}$ であることに、注意する。$x \neq 1$ のとき、

$$\begin{aligned} f(x) &= \frac{(x-1)(x^2+x+1)}{x-1} \\ &= x^2 + x + 1 \end{aligned}$$

であるから、x が限りなく 1 に近づくとき、$f(x)$ は限りなく $1^2 + 1 + 1 = 3$ に限りなく近づく。このことは、次の評価式を使うと、もっとはっきりと理解できる。

$$\begin{aligned} |f(x) - 3| &= |(x^2 + x + 1) - 3| \\ &= |x^2 + x - 2| \\ &= |(x+2)(x-1)| \\ &= |x+2|\,|x-1| \\ &\leqq 4|x-1| \quad (0 < x < 2) \end{aligned}$$

変数 x が a でない値をとって a に限りなく近づくとき、その近づき方によらず、関数 $f(x)$ の値がつねに一定の値 b に限りなく近づくならば、$f(x)$ は $x \to a$ のとき b に **収束する**といい、記号

$$\lim_{x \to a} f(x) = b \quad \text{または} \quad f(x) \to b \ \ (x \to a)$$

などで表す。このとき, b は $x = a$ における $f(x)$ の **極限値**という。

収束に関しては、

$$\boxed{\lim_{x \to a} f(x) = \alpha \Longleftrightarrow \lim_{x \to a+0} f(x) = \lim_{x \to a-0} f(x) = \alpha}$$

である。つまり、$x \to a$ のとき極限値が存在するということは、右側極限値と左側極限値が存在して等しいということである。

関数の極限値について、次のことが成立する。

定理 7 $\lim_{x \to a} f(x) = \alpha,\ \lim_{x \to a} g(x) = \beta$ ならば

(1) $\lim_{x \to a} (f(x) \pm g(x)) = \alpha \pm \beta$　(複号同順)

(2) $\lim_{x \to a} f(x)g(x) = \alpha\beta$

(3) $\lim_{x \to a} \dfrac{f(x)}{g(x)} = \dfrac{\alpha}{\beta}$　ただし、$g(x) \neq 0,\ \beta \neq 0$ とする。

(4) a の十分近くで $f(x) \leqq g(x)$ ならば、$\alpha \leqq \beta$ が成立する。

(5) (**はさみうちの原理**) 関数 $h(x)$ は a の十分近くで $f(x) \leqq h(x) \leqq g(x)$ を満たし、$\alpha = \beta$ とする。そのとき、$x \to a$ のとき、関数 $h(x)$ も収束し、$\lim_{x \to a} h(x) = \alpha = \beta$ が成立する。

例題 1 次の極限値を求めよ。

(1) $f(x) = \dfrac{x^2 - x}{|x - 1|}$ のときの $\lim_{x \to 1+0} f(x),\ \lim_{x \to 1-0} f(x),\ \lim_{x \to 1} f(x)$

(2) $\lim_{x \to 1} \dfrac{\sqrt{x+3} - 2}{x - 1}$　(3) $\lim_{x \to -\infty} (x^2 + 2x)$　(4) $\lim_{x \to \infty} \dfrac{2x^2 - x}{x^2 + 2x - 1}$

解答　(1) $x>1$ のとき、$f(x)=\dfrac{x^2-x}{|x-1|}=\dfrac{x(x-1)}{x-1}=x$

$x<1$ のとき、$f(x)=\dfrac{x^2-x}{|x-1|}=\dfrac{x(x-1)}{-(x-1)}=-x$ であるから、

$$\lim_{x\to 1+0}f(x)=\lim_{x\to 1+0}x=1,\qquad \lim_{x\to 1-0}f(x)=\lim_{x\to 1-0}(-x)=-1$$

$\lim\limits_{x\to 1}f(x)$ は、上記より右極限値と左極限値が一致しないので、存在しない。

(2) 分子を有理化すると、

$$\begin{aligned}
\lim_{x\to 1}\frac{\sqrt{x+3}-2}{x-1} &= \lim_{x\to 1}\frac{\left(\sqrt{x+3}-2\right)\left(\sqrt{x+3}+2\right)}{(x-1)\left(\sqrt{x+3}+2\right)}\\
&= \lim_{x\to 1}\frac{x+3-4}{(x-1)\left(\sqrt{x+3}+2\right)}\\
&= \lim_{x\to 1}\frac{x-1}{(x-1)\left(\sqrt{x+3}+2\right)}\\
&= \lim_{x\to 1}\frac{1}{\left(\sqrt{x+3}+2\right)}\\
&= \frac{1}{\sqrt{1+3}+2}\\
&= \frac{1}{4}
\end{aligned}$$

(3) $x=-t$ とおくと、

$$\begin{aligned}
\lim_{x\to -\infty}(x^2+2x) &= \lim_{t\to\infty}(t^2-2t)\\
&= \lim_{t\to\infty}\left\{(t-1)^2-1\right\}=\infty
\end{aligned}$$

(4) 分母分子に $\dfrac{1}{x^2}$ を掛けると、

$$\lim_{x\to\infty}\frac{2x^2-x}{x^2+2x-1}=\lim_{x\to\infty}\frac{2-\dfrac{1}{x}}{1+\dfrac{2}{x}-\dfrac{1}{x^2}}=\frac{2-0}{1+0-0}=2$$

□

問題 12 次の極限値を求めよ。

(1) $\displaystyle\lim_{x\to 1+0}\frac{1}{1-x}$ (2) $\displaystyle\lim_{x\to 1-0}\frac{1}{1-x}$ (3) $\displaystyle\lim_{x\to 0}\frac{\sqrt{1+x}-\sqrt{1-x}}{x}$

(4) $\displaystyle\lim_{x\to -\infty}(-x^3+5x^2+4)$ (5) $\displaystyle\lim_{x\to\infty}\frac{3x^2-x}{x^2+3x-1}$ (6) $\displaystyle\lim_{x\to -\infty}\frac{x^2-2x+1}{x+1}$

解 (1) $-\infty$ (2) $+\infty$ (3)1 (4) $+\infty$ (5)3 (6) $-\infty$

1.6 指数

定義 8 $a>0$, n が自然数のとき, 方程式 $x^n=a$ の正の解は唯一つ存在する。その解を $a^{\frac{1}{n}}$ または $\sqrt[n]{a}$ と表す。$a>0$, m が整数, n が正の整数のとき,

$$(1)\ a^0=1 \qquad (2)\ a^{-n}=\frac{1}{a^n} \qquad (3)\ a^{\frac{m}{n}}=\sqrt[n]{a^m}$$

と定義する。このようにして, すべての有理数 r に対して a^r を定義することができる。

定理 9 (指数法則 2) $a>0$, $b>0$ で r, s が有理数のとき, 次が成立する。

$$(1)\ a^ra^s=a^{r+s},\quad \frac{a^r}{a^s}=a^{r-s} \quad (2)\ (a^r)^s=a^{rs} \quad (3)\ (ab)^r=a^rb^r$$

x が実数の場合にも a^x を定義することができる。このとき, 上の指数法則は p, q が実数の場合にも成立することが示される。すなわち, 次が成立する。

定理 10 (指数法則) $a>0$, $b>0$ で p, q が実数のとき, 次が成立する。

$$(1)\ a^pa^q=a^{p+q},\quad \frac{a^p}{a^q}=a^{p-q} \quad (2)\ (a^p)^q=a^{pq} \quad (3)\ (ab)^p=a^pb^p$$

$a>0$, $a\neq 1$ のとき,

$$y=a^x$$

は実変数 x の関数である。この関数を a が **底**である x の **指数関数**という。指数関数 $y=a^x$ のグラフの概形は次のようになる。

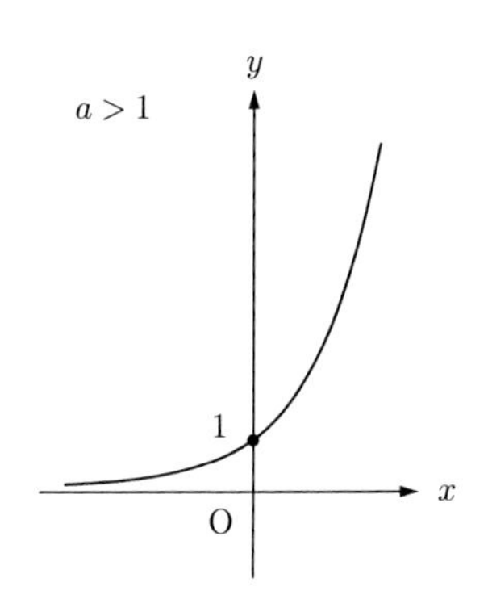

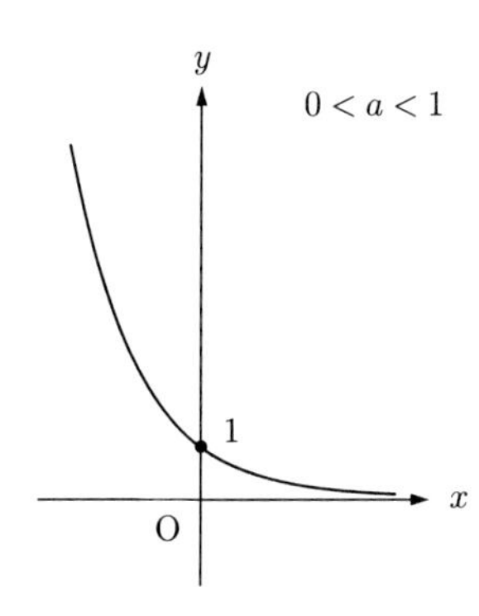

問題 13 次の式を簡単にせよ。

(1) $16^{-\frac{3}{2}}$ (2) $(2^{-3})^2$ (3) $(4^{-\frac{1}{2}})^2$ (4) $\left\{\left(\frac{9}{16}\right)^{-\frac{3}{4}}\right\}^{\frac{2}{3}}$

解 (1) $\frac{1}{64}$ (2) $\frac{1}{64}$ (3) $\frac{1}{4}$ (4) $\frac{4}{3}$

問題 14 次の式を簡単にせよ。 ただし a, b は正の数とする。

(1) $\sqrt{a} \times \sqrt[3]{a} \times \sqrt[6]{a}$ (2) $\frac{\sqrt[3]{a}}{a^2} \times \sqrt[6]{a^7} \times \sqrt{a}$ (3) $\sqrt{a^3 \times \sqrt{a} \times \sqrt[4]{a^2}}$

(4) $\sqrt[3]{a^2} \times \sqrt[4]{a} \div \sqrt[6]{a^5}$ (5) $\frac{\sqrt{ab^3}}{\sqrt[3]{a^2b}} \div \sqrt[6]{a^5b}$

解 (1) a (2) 1 (3) a^2 (4) $\sqrt[12]{a}$ (5) $\frac{b}{a}$

問題 15 次の式を a^x の形で表せ。

(1) $\frac{1}{\sqrt[4]{a^3}}$ (2) $\sqrt{\frac{1}{\sqrt{a}}}$ (3) $\frac{\sqrt{a} \times \sqrt[6]{a}}{\sqrt[3]{a^2}}$

解 (1) $a^{-\frac{3}{4}}$ (2) $a^{\frac{1}{4}}$ (3) a^0

1.7 対数

実数 a が $a > 0, a \neq 1$ を満たしているとき, 正の数 x に対して,

$$a^y = x$$

を満たす実数 y はただ1つ存在する。 その y を

$$y = \log_a x$$

と表し, **a を底とする x の対数**という。 x を変数と考えると, $y = \log_a x$ は実変数 x の関数である。この関数を a が底である実変数 x の **対数関数**という。

定理 11 (対数の性質) 次の (1), (2) が成立する。

(1) $y = \log_a x \Longleftrightarrow a^y = x \quad (a > 0,\ a \neq 1,\ x > 0)$
つまり, 対数関数 $y = \log_a x$ と指数関数 $x = a^y$ は, 互いに一方は, 他方の逆関数である。

(2) a, b は1でない正の数で M, N を任意の正の数とするとき

(a) $\log_a 1 = 0, \quad \log_a a = 1$

(b) $a^{\log_a b} = b, \quad a^x = b^{x \log_b a}$

(c) $\log_a(MN) = \log_a M + \log_a N, \quad \log_a \dfrac{M}{N} = \log_a M - \log_a N$

(d) $\log_a(M^k) = k \log_a M$

(e) $(\log_a b) \times (\log_b a) = 1$

(f) $\log_a M = \dfrac{\log_b M}{\log_b a}$ (底の変換公式)

証明 (1) は対数の定義である。
(2) を証明する。

(a) の証明： $a^0 = 1$, $a^1 = a$ より, (a) が成立する。

(b) の証明： (1) より $a^{\log_a b} = b$ が成立する。 同様に $b^{\log_b a} = a$ が成立する。 よって, 指数法則により $a^x = (b^{\log_b a})^x = b^{x \log_b a}$ が成立する。

(c), (d) の証明： $x = \log_a M$, $y = \log_a N$ とおくと,

$$a^x = M, \quad a^y = N$$

が成立する。このとき指数法則より,

$$MN = a^{x+y}, \quad \frac{M}{N} = a^{x-y}, \quad a^{kx} = M^k$$

よって, $\log_a MN = x + y$, $\log_a \dfrac{M}{N} = x - y$, $\log_a M^k = kx$ が成立する。

(e) の証明： $u = \log_a b$, $v = \log_b a$ とおくと, $a^u = b$, $b^v = a$ が成立する。
このとき, $(a^u)^v = b^v = a$ より, $a^{uv} = a$ よって, $uv = 1$

(f) の証明： (c) と (d) と (e) より,

$$\log_a M = \log_a b^{\log_b M} = \log_b M \log_a b = \log_b M \frac{1}{\log_b a} = \frac{\log_b M}{\log_b a}$$

□

対数関数 $y = \log_a x$ のグラフの概形は次のようになる。

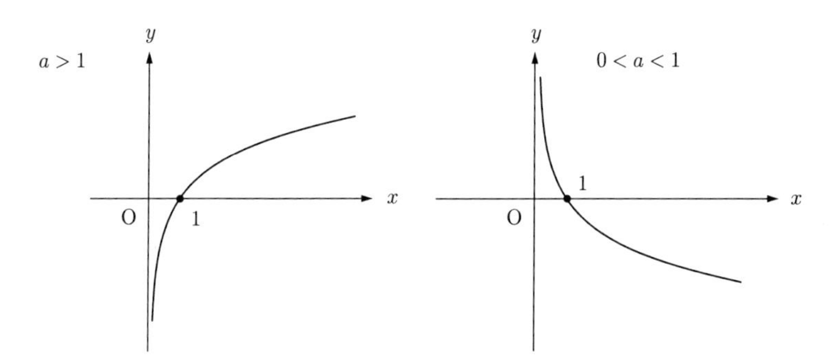

問題 16 次の値を求めよ。

(1) $\log_4 \dfrac{1}{16}$　　(2) $\log_2 \sqrt{32}$　　(3) $\log_{\frac{1}{16}} \dfrac{1}{8}$

解　(1) -2　(2) $\frac{5}{2}$　(3) $\frac{3}{4}$

問題 17 次の関係を (1)〜(3) は対数の形に, (4)〜(6) は指数の形に表せ。

(1) $8^{\frac{2}{3}=4}$　　(2) $a^0 = 1$　　(3) $a^b = c$

(4) $\log_{10} 100 = 2$　　(5) $\log_{\sqrt{2}} 32 = 10$　　(6) $\log_{25} \dfrac{1}{5} = -\dfrac{1}{2}$

解　(1) $\log_8 4 = \frac{2}{3}$　(2) $\log_a 1 = 0$　(3) $\log_a c = b$　(4) $10^2 = 100$
(5) $(\sqrt{2})^{10} = 32$　(6) $25^{-\frac{1}{2}} = \frac{1}{5}$

問題 18 $x, y, z > 0$ のとき, 次の式を $X = \log_a x$, $Y = \log_a y$, $Z = \log_a z$ で表せ。ただし, $a > 0$, $a \neq 1$ とする。

(1) $\log_a x^3y^2z$　　(2) $\log_a \dfrac{xy^2}{z^3}$　　(3) $\log_a \dfrac{\sqrt{x}\,y}{\sqrt{z^3}}$

解　(1) $3X + 2Y + Z$　(2) $X + 2Y - 3Z$　(3) $\frac{1}{2}X + Y - \frac{3}{2}Z$

問題 19 次の等式を満たす x または a の値を求めよ。

(1) $\log_{\sqrt{2}} x = 4$　　(2) $\log_9 x = -2$　　(3) $\log_a \dfrac{1}{2} = -2$

(4) $\log_a 4 = \dfrac{2}{3}$　　(5) $\log_a \dfrac{4}{25} = -2$

解　(1) $x = 4$　(2) $x = \frac{1}{81}$　(3) $a = \sqrt{2}$　(4) $a = 8$　(5) $a = \frac{5}{2}$

1.8 Napier（ネピア）数

関数 $f(x) = (1 + x)^{\frac{1}{x}} \quad (x \neq 0)$ の $x = 0$ の近くの $f(x)$ の値を計算すると次のようになる。

$$
\begin{aligned}
f(0.1) &= (1 + 0.1)^{\frac{1}{0.1}} &&= 1.1^{10} &&= 2.59374\cdots \\
f(0.01) &= (1 + 0.01)^{\frac{1}{0.01}} &&= 1.01^{100} &&= 2.70481\cdots \\
f(0.001) &= (1 + 0.001)^{\frac{1}{0.001}} &&= 1.001^{1000} &&= 2.71692\cdots \\
f(0.0001) &= (1 + 0.0001)^{\frac{1}{0.0001}} &&= 1.0001^{10000} &&= 2.71814\cdots \\
f(0.00001) &= (1 + 0.00001)^{\frac{1}{0.00001}} &&= 1.00001^{100000} &&= 2.71826\cdots
\end{aligned}
$$

$$
\begin{aligned}
f(-0.00001) &= (1 - 0.00001)^{\frac{1}{-0.00001}} &&= \frac{1}{0.99999^{100000}} &&= 2.71829\cdots \\
f(-0.0001) &= (1 - 0.0001)^{\frac{1}{-0.0001}} &&= \frac{1}{0.9999^{10000}} &&= 2.71841\cdots \\
f(-0.001) &= (1 - 0.001)^{\frac{1}{-0.001}} &&= \frac{1}{0.999^{1000}} &&= 2.71964\cdots \\
f(-0.01) &= (1 - 00.1)^{\frac{1}{-0.01}} &&= \frac{1}{0.99^{100}} &&= 2.73199\cdots \\
f(-0.1) &= (1 - 0.1)^{\frac{1}{-0.1}} &&= \frac{1}{0.9^{10}} &&= 2.86797\cdots
\end{aligned}
$$

このデータより、$x \to 0$ のとき、$f(x) = (1+x)^{\frac{1}{x}} \quad (x \neq 0)$ は 2.71826 と 2.71829 の間のある実数値に近づくことが窺える。実際に、次が成立することが知られている。

定理 12 $\lim_{x \to 0}(1+x)^{\frac{1}{x}}$ は収束し、その極限値を e と表し、**Napier**(ネピア)**数** という。このとき、e は無理数で $e = 2.71828\cdots$ である。すなわち、

$$\lim_{x \to 0}(1+x)^{\frac{1}{x}} = e = 2.71828\cdots \tag{1.2}$$

これより

$$\lim_{x \to \infty}\left(1+\frac{1}{x}\right)^x = \lim_{x \to -\infty}\left(1+\frac{1}{x}\right)^x = e$$

もわかる。Napier(ネピア) 数 e を底とする指数関数 e^x, 対数関数 $\log_e x$ は数学、自然科学のあらゆる部門において、重要である。

特に、$\log_e x$ は、$\log x$ または $\ln x$ で表され, **自然対数 (natural logarithm)** と呼ばれている。

問題 20 次の極限値を求めよ。

(1) $\lim_{x \to 0}(1+x)^{\frac{1}{2x}}$ (2) $\lim_{x \to 0}(1-x)^{\frac{1}{x}}$ (3) $\lim_{x \to 0}\dfrac{\log(1+x)}{x}$

解 (1) $\sqrt{e}$ (2) $\frac{1}{e}$ (3) 1

1.9 微分法

1.9.1 変化率、微分係数、導関数

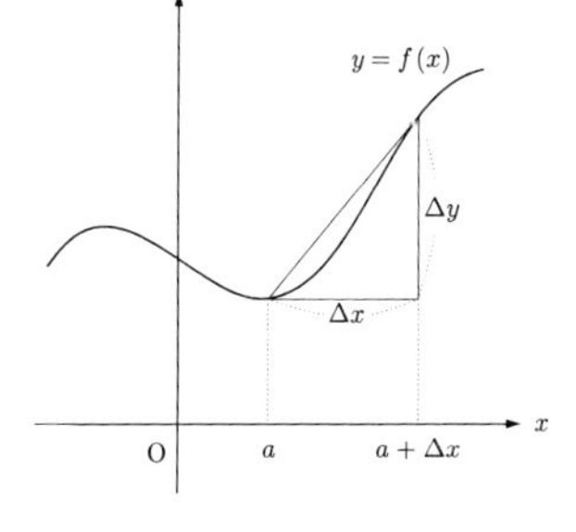

変数 x が a から $a + \Delta x$ まで変化するとき、関数 $y = f(x)$ の平均変化率は、y の増分 $f(a+\Delta x) - f(a)$ を Δy とすると

$$\frac{\Delta y}{\Delta x} = \frac{f(a+\Delta x) - f(a)}{\Delta x}$$

である。ここで $\Delta x \to 0$ とき $\dfrac{\Delta y}{\Delta x}$ が有限な値に収束するとき、その極限値を $y = f(x)$ の $x = a$ における **変化率**または **微**

分係数といい、

$$\frac{df}{dx}(a),\ \frac{dy}{dx}(a),\ f'(a)$$

などの記号で表す。すなわち

$$\begin{aligned} f'(a) &= \lim_{\Delta x \to 0} \frac{f(a+\Delta x)-f(a)}{\Delta x} \\ &= \lim_{x \to a} \frac{f(x)-f(a)}{x-a} \end{aligned}$$

この極限値 $f'(a)$ が存在するとき、$f(x)$ は $x=a$ で **微分可能**であるという。また、$f(x)$ が開区間 I のすべての点で微分可能のとき、$f(x)$ は I で **微分可能**であるという。

開区間 I で定義された関数 $f: I \to \mathbb{R}$ が I のすべての点で微分可能であるとき、微分係数への対応 $I \ni x \to f'(x)$ を f の **導関数**といい、

$$\frac{df}{dx}(x),\ \frac{df}{dx},\ \frac{dy}{dx},\ f'(x),\ f',\ y'$$

などで表す。関数 f の導関数を求めることを **微分する**という。このとき、

$$\frac{dy}{dx} = f'(x) = \lim_{\Delta x \to 0} \frac{f(x+\Delta x)-f(x)}{\Delta x} = \lim_{h \to 0} \frac{f(x+h)-f(x)}{h} \tag{1.3}$$

が導関数の定義式である。

1.9.2　導関数の公式

例題 2 次の関数を微分せよ。ただし、n は正の整数とする。

(1) $f(x)=c$ (c は定数)　(2) $f(x)=x^2$　(3) $f(x)=x^n$

(4) $f(x)=x^{-n}$　(5) $f(x)=\sqrt{x}$　(6) $f(x)=\sqrt[3]{x}$　(7) $f(x)=\sqrt[n]{x}$

解答　(3) では、6ページの定理2を用いる。

(1) $f'(x) = \lim_{h \to 0} \frac{f(x+h)-f(x)}{h} = \lim_{h \to 0} \frac{c-c}{h} = 0$

(2) $f'(x) = \lim_{h \to 0} \frac{f(x+h)-f(x)}{h} = \lim_{h \to 0} \frac{(x+h)^2-x^2}{h} = \lim_{h \to 0} \frac{x^2+2xh+h^2-x^2}{h}$

$= \lim_{h \to 0} \frac{h(2x+h)}{h} = 2x$

(3) $f'(x)=\lim_{h\to 0}\frac{f(x+h)-f(x)}{h}=\lim_{h\to 0}\frac{(x+h)^n-x^n}{h}$

$$=\lim_{h\to 0}\frac{\sum_{r=0}^{n}{}_n\mathrm{C}_r x^{n-r}h^r-x^n}{h}=\lim_{h\to 0}\left(\sum_{r=1}^{n}{}_n\mathrm{C}_r x^{n-r}h^{r-1}\right)=nx^{n-1}$$

(4) (3) の結果を用いる

$$f'(x)=\lim_{h\to 0}\frac{f(x+h)-f(x)}{h}=\lim_{h\to 0}\frac{(x+h)^{-n}-x^{-n}}{h}$$

$$=\lim_{h\to 0}\frac{-1}{(x+h)^n x^n}\times\frac{(x+h)^n-x^n}{h}=\frac{-1}{x^n x^n}\times nx^{n-1}=-nx^{-n-1}$$

(5) $f'(x)=\lim_{h\to 0}\frac{f(x+h)-f(x)}{h}=\lim_{h\to 0}\frac{\sqrt{x+h}-\sqrt{x}}{h}$

$$=\lim_{h\to 0}\frac{\left(\sqrt{x+h}-\sqrt{x}\right)\left(\sqrt{x+h}+\sqrt{x}\right)}{h\left(\sqrt{x+h}+\sqrt{x}\right)}=\lim_{h\to 0}\frac{h}{h\left(\sqrt{x+h}+\sqrt{x}\right)}$$

$$=\lim_{h\to 0}\frac{1}{\sqrt{x+h}+\sqrt{x}}=\frac{1}{2\sqrt{x}}=\frac{1}{2}x^{\frac{1}{2}-1}$$

(6) $f'(x)=\lim_{h\to 0}\frac{f(x+h)-f(x)}{h}=\lim_{h\to 0}\frac{\sqrt[3]{x+h}-\sqrt[3]{x}}{h}$

$$=\lim_{h\to 0}\frac{\left(\sqrt[3]{x+h}-\sqrt[3]{x}\right)\left(\sqrt[3]{x+h}^2+\sqrt[3]{x+h}\sqrt[3]{x}+\sqrt[3]{x}^2\right)}{h\left(\sqrt[3]{x+h}^2+\sqrt[3]{x+h}\sqrt[3]{x}+\sqrt[3]{x}^2\right)}$$

$$=\lim_{h\to 0}\frac{h}{h\left(\sqrt[3]{x+h}^2+\sqrt[3]{x+h}\sqrt[3]{x}+\sqrt[3]{x}^2\right)}=\frac{1}{3\sqrt[3]{x^2}}=\frac{1}{3x^{\frac{2}{3}}}=\frac{1}{3}x^{-\frac{2}{3}}=\frac{1}{3}x^{\frac{1}{3}-1}$$

(7) $f'(x)=\lim_{h\to 0}\frac{f(x+h)-f(x)}{h}=\lim_{h\to 0}\frac{\sqrt[n]{x+h}-\sqrt[n]{x}}{h}$

$$=\lim_{h\to 0}\frac{\left(\sqrt[n]{x+h}-\sqrt[n]{x}\right)\left(\sqrt[n]{x+h}^{n-1}+\sqrt[n]{x+h}^{n-2}\sqrt[n]{x}+\cdots+\sqrt[n]{x+h}\sqrt[n]{x}^{n-2}+\sqrt[n]{x}^{n-1}\right)}{h\left(\sqrt[n]{x+h}^{n-1}+\sqrt[n]{x+h}^{n-2}\sqrt[n]{x}+\cdots+\sqrt[n]{x+h}\sqrt[n]{x}^{n-2}+\sqrt[n]{x}^{n-1}\right)}$$

$$=\lim_{h\to 0}\frac{h}{h\left(\sqrt[n]{x+h}^{n-1}+\sqrt[n]{x+h}^{n-2}\sqrt[n]{x}+\cdots+\sqrt[n]{x+h}\sqrt[n]{x}^{n-2}+\sqrt[n]{x}^{n-1}\right)}$$

$$=\frac{1}{n\left(\sqrt[n]{x}\right)^{n-1}}=\frac{1}{n}x^{-\frac{n-1}{n}}=\frac{1}{n}x^{\frac{1}{n}-1}$$ □

導関数の定義式 (1.3) により、例題 2 の計算と同様にすると、いろいろな関数について、導関数が存在する定義域において、次の導関数の公式が得られる。

【導関数の公式】

$$(x^{\alpha})' = \alpha x^{\alpha-1} \quad (\alpha \text{は実数})$$

$$(e^x)' = e^x, \qquad (a^x)' = a^x \log a \quad (a \text{ は 1 でない正の実数})$$

$$(\log x)' = \frac{1}{x}, \qquad (\log |x|)' = \frac{1}{x},$$

$$(\log_a x)' = \frac{1}{x \log a} \quad (a \text{ は 1 でない正の実数}),$$

$$(\log_a |x|)' = \frac{1}{x \log a} \quad (a \text{ は 1 でない正の実数}),$$

$$(\sin x)' = \cos x, \quad (\cos x)' = -\sin x, \quad (\tan x)' = \frac{1}{\cos^2 x}$$

定理 13 2つの関数 $f(x)$, $g(x)$ は開区間 I で微分可能とする。このとき、$cf(x)$ (c は定数), $f(x) \pm g(x)$ も I で微分可能で、次が成立する。

(1) $\{cf(x)\}' = cf'(x)$

(2) $\{f(x) \pm g(x)\}' = f'(x) \pm g'(x)$

例題 3 次の関数を微分せよ。

(1) $y = 2x^3 + 4x - 3$　　(2) $y = 6\sqrt[3]{x} - \dfrac{7}{x^2}$

(3) $y = x^3 + 3^x$　　(4) $y = 7\log x - 5\log_{10} x$

解答　和、差は項別微分ができるので, 導関数の公式を適用して、

(1) $y' = 2(x^3)' + 4(x)' - (3)' = 6x^2 + 4$

(2) $y' = 6(x^{\frac{1}{3}})' - 7(x^{-2})' = 2x^{-\frac{2}{3}} + 14x^{-3} = \dfrac{2}{\sqrt[3]{x^2}} + \dfrac{14}{x^3}$

(3) $y' = (x^3)' + (3^x)' = 3x^2 + 3^x \log 3$

(4) $y' = 7(\log x)' - 5(\log_{10} x)' = \dfrac{7}{x} - \dfrac{5}{x \log 10}$

□

問題 21 次の関数を微分せよ。

(1) $y = 2x^3 + 5x^2 - x + 2$ (2) $y = 6\sqrt{x} + \dfrac{4}{x^3}$ (3) $y = 3e^x$

解 (1) $y' = 6x^2 + 10x - 1$ (2) $y' = \frac{3}{\sqrt{x}} - \frac{12}{x^4}$ (3) $y' = 3e^x$

定理 14 (積・商の微分法)

(1) $\{f(x)g(x)\}' = f'(x)g(x) + f(x)g'(x)$ (積の微分公式)

(2) $\left\{\dfrac{f(x)}{g(x)}\right\}' = \dfrac{f'(x)g(x) - f(x)g'(x)}{g(x)^2}$ (商の微分公式)

問題 22 次の関数を微分せよ。

(1) $y = 3xe^x$ (2) $y = \dfrac{x^3 - 5}{x + 1}$ (3) $y = \dfrac{x^2 + x - 1}{x^2 - x + 1}$

解 (1) $y' = 3(x+1)e^x$ (2) $y' = \frac{2x^3+3x^2+5}{(x+1)^2}$ (3) $y' = \frac{-2x^2+4x}{(x^2-x+1)^2}$

定理 15 (合成関数の微分公式) I と J は開区間とし、関数 $f : I \to J$ と関数 $g : J \to \mathbb{R}$ はともに微分可能とする。そのとき、合成関数 $g \circ f : I \to \mathbb{R}$ も I で微分可能で

$$(g \circ f(x))' = g'(f(x))\, f'(x)$$

すなわち、$y = g(u), \quad u = f(x)$ とすると、

$$\frac{dy}{dx} = \frac{dy}{du}\frac{du}{dx}$$

が成立する。

問題 23 次の関数を微分せよ。

(1) $y = (2x+1)^6$ (2) $y = \sqrt{x^3 + 4}$ (3) $y = (3x+1)^{11}$

(4) $y = (x^4 + 1)^6$ (5) $y = x\sqrt{x^2 + 1}$ (6) $y = \dfrac{1}{\sqrt{x^2 + 5}}$

(7) $y = 2x - \sqrt[3]{x^3 + 8}$

解 (1) $y' = 12(2x+1)^5$ (2) $y' = \frac{3x^2}{2\sqrt{x^3+4}}$ (3) $y' = 33(3x+1)^{10}$

(4) $y' = 24x^3(x^4+1)^5$　(5) $y' = \frac{2x^2+1}{\sqrt{x^2+1}}$　(6) $y' = -\frac{x}{(x^2+5)\sqrt{x^2+5}}$
(7) $y' = 2 - \frac{x^2}{(\sqrt[3]{x^3+8})^2}$

1.10　微分法の応用

定理 16 (Lagrange（ラグランジュ） の平均値の定理)

閉区間 $[a,b]$ で連続で開区間 (a,b) で微分可能な関数 $f(x)$ に対して

$$\frac{f(b)-f(a)}{b-a} = f'(c) \quad (a<c<b) \quad (1.4)$$

を満たす実数 c が存在する。または、$\theta = \frac{c-a}{b-a}$ とおくと、式 (1.4) は

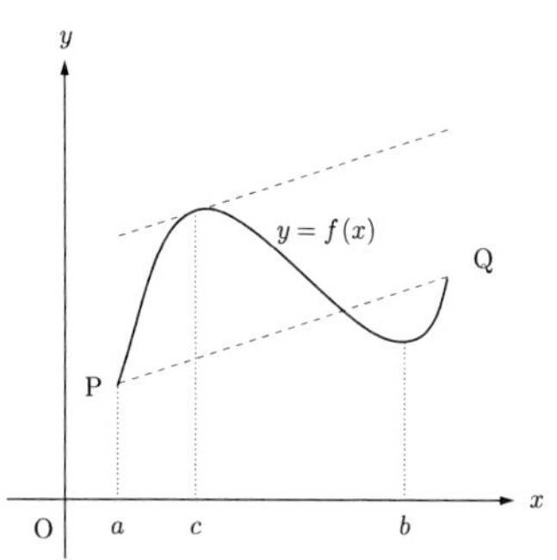

$$\frac{f(b)-f(a)}{b-a} = f'(a+\theta(b-a)) \quad (0<\theta<1) \quad (1.5)$$

を満たす実数 θ が存在すると表すことができる。
(式 (1.5) の表現は $b<a$ の場合も使用できるので便利である。)

Lagrange（ラグランジュ） の平均値の定理の結論は, $x=b$ とすれば、

$f(x) = f(a)+f'(a+\theta(x-a))(x-a) \quad (0<\theta<1)$ を満たす実数 θ が存在する

と表すこともできる。これらは単に、**平均値の定理**と呼ばれている。

Lagrange（ラグランジュ）の平均値の定理（定理 16）は、微分可能な関数についての定理だが、関数 $f(x)$ は C^{n+1} -級であれば、次の定理が成立する。

定理 17 (Taylor（テイラー）の定理) 関数 $f(x)$ が点 a, を含む開区間 I で C^{n+1} -級のとき、$x \in I$ に対し、次が成立する。

$$f(x) = f(a) + \frac{f'(a)}{1!}(x-a) + \frac{f''(a)}{2!}(x-a)^2 + \cdots + \frac{f^{(n)}(a)}{n!}(x-a)^n + R_{n+1}$$

$$\left(f(x) = \sum_{k=0}^{n} \frac{f^{(k)}(a)}{k!}(x-a)^k + R_{n+1}\right)$$

$$ただし、R_{n+1} = \frac{(b-a)^{n+1}}{(n+1)!} f^{(n+1)}\left(a + \theta(b-a)\right) \quad (0 < \theta < 1)$$

注 1 上の定理において、$n = 0$ のときが Lagrange（ラグランジュ）の平均値の定理である。R_{n+1} を **剰余項（Lagrange（ラグランジュ）の剰余項）** と呼ぶ。さらに、

$$P_n(x) = \sum_{k=0}^{n} \frac{f^{(k)}(a)}{k!}(x-a)^k = f(a) + \frac{f'(a)}{1!}(x-a) + \cdots + \frac{f^{(n)}(a)}{n!}(x-a)^n \quad (1.6)$$

とおくと、

$$f(x) = P_n(x) + R_{n+1}$$

と表せることがわかる。(1.6) の多項式 $P_n(x)$ を **Taylor（テイラー）の n 次近似多項式** と呼ぶ。つまり、x が a に近い値であるとき、$P_n(x)$ の値は $f(x)$ の近似値であり、R_{n+1} がその誤差である。

実数 a と数列 $\{a_n\}$ に対して、$\displaystyle\sum_{n=0}^{\infty} a_n(x-a)^n$ によって定義される無限個の足し算（無限級数と呼ばれる）を a を中心とする **べき級数**または **整級数**という。この場合、便宜上 $(x-a)^0 = 1$ と定義する。

関数 $f(x)$ が a を含む区間 I で C^{∞}-級 ならば、Taylor（テイラー）の定理より 各 $x \in I$ と各自然数 n に対して

$$f(x) = \sum_{k=0}^{n} \frac{f^{(k)}(a)}{k!}(x-a)^k + R_{n+1}(x)$$

$$R_{n+1}(x) = \frac{f^{(n+1)}\left(a + \theta(x-a)\right)}{(n+1)!}(x-a)^{n+1} \quad (0 < \theta < 1)$$

を満たす θ が存在する。このとき、各 $x \in I$ に対して、実数列として

$$\lim_{n \to \infty} R_{n+1}(x) = 0$$

が成立するならば、各 $x \in I$ に対して $f(x)$ は

$$f(x) = \sum_{n=0}^{\infty} \frac{f^{(n)}(a)}{n!}(x-a)^n$$

とべき級数の和として表される。

定理 18 (Taylor(テイラー) 級数)　Taylor(テイラー) の定理 17 において、無限回微分可能で $\lim_{n\to\infty} R_{n+1} = 0$ であれば

$$f(x) = \sum_{n=0}^{\infty} \frac{f^{(n)}(a)}{n\,!}(x-a)^n \tag{1.7}$$

が成立する。この右辺の整級数を関数 $f(x)$ の $x = a$ における **Taylor(テイラー) 級数**という。

特に $a = 0$ のとき、**Maclaurin(マクローリン) の定理**と呼ばれている。

定理 19 (Maclaurin(マクローリン) の定理) 関数 $f(x)$ が 0 を含む開区間で $n+1$ 回微分可能のとき、

$$f(x) = f(0) + \frac{f'(0)}{1!}x + \frac{f''(0)}{2!}x^2 + \cdots + \frac{f^{(n)}(0)}{n!}x^n + R_{n+1}, \tag{1.8}$$

$$R_{n+1} = \frac{f^{(n+1)}(\theta x)}{(n+1)!}x^{n+1} \quad (0 < \theta < 1)$$

が成立する。

注 2

$$P_n(x) = \sum_{k=0}^{n} \frac{f^{(k)}(0)}{k\,!}x^k = f(0) + \frac{f'(0)}{1!}x + \cdots + \frac{f^{(n)}(0)}{n!}x^n \tag{1.9}$$

は **Maclaurin(マクローリン) の n 次近似多項式** と呼ばれている

定理 20 (Maclaurin（マクローリン） 級数)

$$f(x) = \sum_{n=0}^{\infty} \frac{f^{(n)}(0)}{n!} x^n \tag{1.10}$$

が成立する。この右辺の整級数を**Maclaurin（マクローリン）級数**という。

関数の Taylor（テイラー）（Maclaurin（マクローリン））級数を求めることを**Taylor（テイラー） (Maclaurin（マクローリン）) 展開する**という。

例 16 関数 e^x $(x \in (-\infty, \infty))$, $\cos x$ $(x \in (-\infty, \infty))$, $\sin x$ $(x \in (-\infty, \infty))$, $\log(1-x)$ $(x \in [-1, 1))$ に対しては、Lagrange（ラグランジュ） の剰余項 $R_{n+1}(x)$ について $\lim_{n \to \infty} R_{n+1}(x) = 0$ が成立することが示される。したがって、Maclaurin（マクローリン） 展開することができ、次が成立する。

(1) $e^x = \sum_{n=0}^{\infty} \frac{1}{n!} x^n \qquad (x \in (-\infty, \infty))$

(2) $\cos x = \sum_{n=0}^{\infty} (-1)^n \frac{1}{(2n)!} x^{2n} \qquad (x \in (-\infty, \infty))$

(3) $\sin x = \sum_{n=0}^{\infty} (-1)^n \frac{1}{(2n+1)!} x^{2n+1} \qquad (x \in (-\infty, \infty))$

(4) $\log(1-x) = \sum_{n=1}^{\infty} \left(-\frac{1}{n}\right) x^n \qquad (x \in [-1, 1))$

(1)〜(4) より次の等式を導くことができる。

Euler（オイラー） の公式 ：$e^{ix} = \cos x + i \sin x$

Napier（ネピア） 数の値：$e = \sum_{n=0}^{\infty} \frac{1}{n!} = 1 + 1 + \frac{1}{2!} + \frac{1}{3!} + \frac{1}{4!} + \cdots$

$\log 2$ の値： $\log 2 = \sum_{n=1}^{\infty} (-1)^{n-1} \frac{1}{n} = 1 - \frac{1}{2} + \frac{1}{3} - \frac{1}{4} + \cdots$

1.11　積分法

1.11.1　定積分

閉区間 $[a,b]$ で定義された関数 $f(x)$ の定積分を定義する。$f(x)$ は $[a,b]$ で定義され、$m \leqq f(x) \leqq M$ であるような定数 M, m が存在するものとする[‡]。

区間 $[a,b]$ を

$$\text{分点}\ a = x_0 < x_1 < \cdots\cdots < x_{k-1} < x_k < \cdots\cdots < x_{n-1} < x_n = b$$

によって分割する。

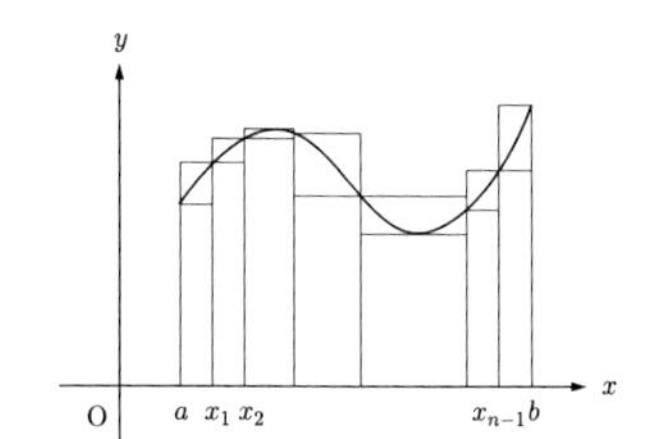

各小区間 $[x_{k-1}, x_k]$ の任意の点 ξ_k における関数値 $f(\xi_k)$ に対し、和

$$\sum_{k=1}^{n} f(\xi_k)(x_k - x_{k-1}) \tag{1.11}$$

を考える。このような和を **Riemann**（リーマン）**和** という。

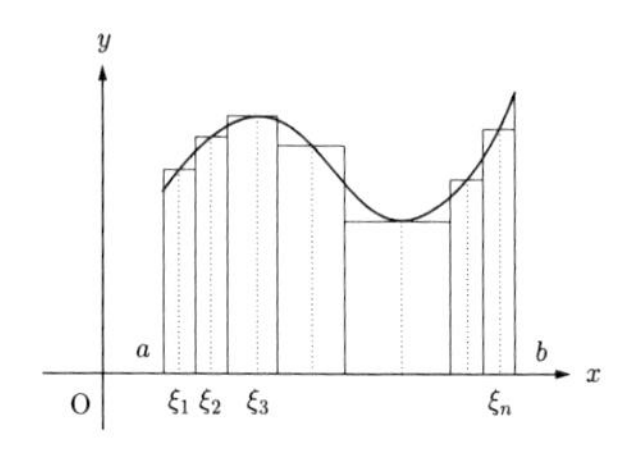

分割 Δ での小区間の長さ $x_k - x_{k-1}$ $(k = 1, 2, \cdots, n)$ の中で最大なものの値を $|\Delta|$ で表す。分割 Δ を限りなく細かくしていくとき、分割 Δ および $\xi_k \in [x_{k-1}, x_k]$ の選び方によらずに (1.11) が収束するならば $f(x)$ は $[a,b]$ で **積分可能**であるといい、そのときの極限値を

$$\int_a^b f(x)\, dx$$

で表し、$f(x)$ の a から b までの **定積分**という。すなわち、定積分の定義式は、

$$\boxed{\int_a^b f(x)\, dx = \lim_{|\Delta| \to 0} \sum_{k=1}^{n} f(\xi_k)(x_k - x_{k-1})} \tag{1.12}$$

[‡]このような性質をもつ関数を **有界関数**という

であり、$f(x) \geqq 0$ であれば、その定積分の値は、関数のグラフ、x 軸、2 直線 $x=a,\ x=b$ で囲まれた部分の面積を表す。このような考え方で定義された積分は、**Riemann積分**(リーマン)と呼ばれる。

分点を $a=x_0, x_1, x_2, \cdots, x_{n-1}, x_n=b$ にとった $[a,b]$ の上の分割法を Δ とすると、$x_k - x_{k-1} = -(x_{k-1}-x_k)$ であるので (1.12) より、

$$\int_a^b f(x)\,dx = \lim_{|\Delta|\to 0}\sum_{k=1}^{n} f(\xi_k)\{-(x_{k-1}-x_k)\} = -\lim_{|\Delta|\to 0}\sum_{k=1}^{n} f(\xi_k)(x_{k-1}-x_k)$$

が成立する。このとき分点は $b=x_n, x_{n-1}, \cdots, x_1, x_0=a$ となり、逆向きだと考えて、

$$\int_b^a f(x)\,dx = \lim_{|\Delta|\to 0}\sum_{k=1}^{n} f(\xi_k)(x_{k-1}-x_k)$$

と定義する。そうすると、

$$\boxed{\int_a^b f(x)\,dx = -\int_b^a f(x)\,dx} \tag{1.13}$$

が成立することがわかる。

なお、$a=b$ の場合、分割ができないので、$x_k - x_{k-1} = 0$ と考えて、

$$\boxed{\int_a^a f(x)\,dx = 0} \tag{1.14}$$

と定義する。

$[a,b]$ で積分可能な関数 $f(x)$ については、

$$\int_a^b f(x)\,dx = \lim_{|\Delta|\to 0}\sum_{k=1}^{n} f(\xi_k)(x_k - x_{k-1})$$

が分割 Δ および $\xi_k \in [x_{k-1}, x_k]$ の選び方によらず成立するので、この極限値を求めるには区間 $[a,b]$ の分割法 Δ や $\xi_k \in [x_{k-1}, x_k]$ を特殊なものにとり、分割を限りなく細かくしていけばよい。たとえば Δ を $[a,b]$ の n 等分にとって $n\to\infty$ にすればよい。したがって、

$$\boxed{\int_a^b f(x)\,dx = \lim_{n\to\infty}\sum_{k=1}^{n} f\left(a+\frac{b-a}{n}k\right)\frac{b-a}{n}} \tag{1.15}$$

が成立する。

定積分の定義より、次の基本定理が成立する。

定理 21 (定積分の性質) $f(x), g(x)$ は $[a,b]$ で連続で、α, β は定数とする。

(1) $\alpha f(x)+\beta g(x)$ は $[a,b]$ で積分可能で、

$$\int_a^b \{\alpha f(x)+\beta g(x)\}\,dx = \alpha\int_a^b f(x)\,dx + \beta\int_a^b g(x)\,dx$$

(2) $f(x) \geqq g(x) \quad (x \in [a,b])$ のとき、$\displaystyle\int_a^b f(x)\,dx \geqq \int_a^b g(x)\,dx$

(3) $|f(x)|$ も $[a,b]$ で積分可能で、$\displaystyle\left|\int_a^b f(x)\,dx\right| \leqq \int_a^b |f(x)|\,dx$

(4) **[積分の平均値の定理]**　$\alpha, \beta \in [a,b]$ に対して、

$$\int_\alpha^\beta f(x)\,dx = f\left(\alpha+\theta(\beta-\alpha)\right)(\beta-\alpha)$$

を満たす $\theta \quad (0<\theta<1)$ が存在する。

(5) $f(x)$ は $[a,b]$ に含まれる任意の閉区間において積分可能で、任意の $\alpha, \beta, \gamma \in [a,b]$ に対して、

$$\int_\alpha^\beta f(x)\,dx = \int_\alpha^\gamma f(x)\,dx + \int_\gamma^\beta f(x)\,dx$$

が成立する。

例題 4 定積分の定義にしたがって、次の定積分の値を求めよ。

(1) $\displaystyle\int_a^b dx \quad (a<b)$　　　(2) $\displaystyle\int_2^3 (x^2-2x+3)\,dx$

解答

(1) 分割 $\Delta : a=x_0<x_1<\cdots<x_n=b$ を任意にとると、

$$\int_a^b dx = \int_a^b 1\,dx = \lim_{|\Delta|\to 0}\sum_{k=1}^n 1(x_k-x_{k-1}) = b-a$$

(2) 閉区間 $[2,3]$ を n 等分すると、(1.15) より

$$\begin{aligned}
\int_2^3 (x^2-2x+3)\,dx &= \lim_{n\to\infty}\sum_{k=1}^{n} f\left(2+\frac{k}{n}\right)\frac{1}{n} \\
&= \lim_{n\to\infty}\sum_{k=1}^{n}\left\{\left(2+\frac{k}{n}\right)^2-2\left(2+\frac{k}{n}\right)+3\right\}\frac{1}{n} \\
&= \lim_{n\to\infty}\sum_{k=1}^{n}\left\{\frac{2}{n}k+\frac{1}{n^2}k^2+3\right\}\frac{1}{n} \\
&= \lim_{n\to\infty}\left\{\frac{2}{n^2}\cdot\frac{n(n+1)}{2}+\frac{1}{n^3}\cdot\frac{n(n+1)(2n+1)}{6}+\frac{3n}{n}\right\} \\
&= \lim_{n\to\infty}\left\{1+\frac{1}{n}+\frac{\left(1+\frac{1}{n}\right)\left(2+\frac{1}{n}\right)}{6}+3\right\} \\
&= 1+\frac{2}{6}+3=\frac{13}{3}
\end{aligned}$$

□

1.11.2 原始関数と不定積分

ある区間で定義された関数 $f(x)$ に対して

$$\frac{d}{dx}F(x)=f(x)$$

を満たす関数 $F(x)$ が存在するとき、関数 $F(x)$ を $f(x)$ の **原始関数**という。

例 17 $(x^3)'=3x^2$, $(x^3+1)'=3x^2$, $(x^3-2)'=3x^2$, $\ldots$ であるから x^3, x^3+1, $x^3-2,\ldots$ はすべて $3\,x^2$ の原始関数である。

この例のように $f(x)$ の 原始関数は無数にあるが、$f(x)$ の原始関数を $F(x)$ とすると、$f(x)$ のすべての原始関数は $F(x)+C$ （C は任意定数）で表される。

そこで、$f(x)$ の原始関数のうちの 1 つを記号

$$\int f(x)\,dx$$

で表すと、

$$\int f(x)\,dx = F(x) + C$$

と表される。$\int f(x)\,dx$ はただ1つには定まらないので、$f(x)$ の**不定積分**と呼ばれる。このとき、任意定数 C は **積分定数**[§]と呼ばれることもある。

$f(x)$ の原始関数（不定積分）を求めることを $f(x)$ を x について **積分する**という。先ほどの例より、$3x^2$ を x について積分すると、

$$\int 3x^2\,dx = x^3 + C$$

と表される。

定理 22　微分法から次の不定積分に関する公式が成立する。

(1) $\displaystyle\int x^\alpha\,dx = \frac{x^{\alpha+1}}{\alpha+1} + C \quad (\alpha \neq -1)$

(2) $\displaystyle\int \frac{1}{x}\,dx = \log|x| + C, \qquad \int \frac{f'(x)}{f(x)}\,dx = \log|f(x)| + C$

(3) $\displaystyle\int e^x\,dx = e^x + C, \quad \int a^x\,dx = \frac{a^x}{\log a} + C \quad (a > 0, a \neq 1)$

(4) $\displaystyle\int \sin x\,dx = -\cos x + C, \quad \int \cos x\,dx = \sin x + C$

(5) $\displaystyle\int \frac{1}{\cos^2 x}\,dx = \tan x + C,$

(6) $\displaystyle\int \tan x\,dx = -\log|\cos x| + C, \quad \int \cot x\,dx = \log|\sin x| + C$

(7) $\displaystyle\int \frac{dx}{x^2 - a^2} = \frac{1}{2a}\log\left|\frac{x-a}{x+a}\right| + C \quad (a \neq 0)$

(8) $\displaystyle\int \frac{dx}{\sqrt{A + x^2}} = \log\left|x + \sqrt{A + x^2}\right| + C$

(9) $\displaystyle\int \sqrt{A + x^2}\,dx = \frac{1}{2}\left(x\sqrt{A + x^2} + A\log\left|x + \sqrt{A + x^2}\right|\right) + C$

§不定積分には必ず積分定数 C がつくから、計算の途中や公式などでは定数 C を省略して書かないこともある。この本では、特に指示がない限り、C は任意定数を表すことにする。

定理 23 不定積分について、次の性質（線形性）が成立する。

$$\int \{\alpha f(x) + \beta g(x)\}\, dx = \alpha \int f(x)\, dx + \beta \int g(x)\, dx \quad (\alpha, \beta \text{ は定数})$$

例題 5 次の不定積分を求めよ。

(1) $\displaystyle\int \left(8x^3 - \frac{6}{x^3}\right) dx$ (2) $\displaystyle\int e^{2x-1}\, dx$

解答

$$(1) \int \left(8x^3 - \frac{6}{x^3}\right) dx = \int \left(8x^3 - 6x^{-3}\right) dx$$
$$= 8 \times \frac{1}{3+1} x^{3+1} - 6 \times \frac{1}{-3+1} x^{-3+1} + C$$
$$= 2x^4 + \frac{3}{x^2} + C$$

$$(2) \int e^{2x-1}\, dx = \frac{1}{2}\, e^{2x-1} + C$$

□

問題 24 次の不定積分を求めよ。

(1) $\displaystyle\int \left(6x^2 - \frac{5}{x^2}\right) dx$ (2) $\displaystyle\int dx = \int 1\, dx$ (3) $\displaystyle\int (x + x^2)\, dx$

解 (1) $2x^3 + \frac{5}{x} + C$ (2) $x + C$ (3) $\frac{1}{3}x^3 + \frac{1}{2}x^2 + C$

1.11.3 微分積分学の基本定理

次の定理は、**微分積分学の基本定理**と呼ばれ、連続関数にはその原始関数が存在することを示している。

定理 24 (微分積分学の基本定理) $f(x)$ は $[a, b]$ において連続とする。c は $[a, b]$ の任意の点とし、

$$F(x) = \int_c^x f(t)\, dt \quad x \in [a, b]$$

とする。このとき、関数 $F(x)$ は $[a,b]$ で微分可能で

$$\frac{d}{dx}F(x) = f(x)$$

が成立する。すなわち、$F(x)$ は $f(x)$ の原始関数である。

記号を1つ準備する。$[a,b]$ 上の関数 $H(x)$ に対して、

$$\Big[H(x)\Big]_a^b = H(b) - H(a)$$

と定義する。

微分積分学の基本定理（定理 24）より、次の定積分の計算に関する定理が証明される。

定理 25 $f(x)$ は $[a,b]$ において連続とし、$G(x)$ を $f(x)$ の原始関数の1つとすると、

$$\int_a^b f(x)\,dx = \Big[G(x)\Big]_a^b = G(b) - G(a)$$

が成立する。

証明

$$F(x) = \int_a^x f(t)\,dt \quad x \in [a,b] \tag{1.16}$$

とすると、微分積分学の基本定理（定理 24）より、$F(x)$ は $f(x)$ の原始関数である。

条件より、$G(x)$ も $f(x)$ の原始関数であるから、

$$G(x) = F(x) + C$$

となる定数 C が存在する。このとき、

$$G(b) = F(b) + C, \qquad G(a) = F(a) + C$$

だから (1.16) より

$$
\begin{aligned}
[G(x)]_a^b &= G(b) - G(a) \\
&= \{F(b) + C\} - \{F(a) + C\} \\
&= F(b) - F(a) \\
&= \int_a^b f(x)\,dx - \int_a^a f(x)\,dx \\
&= \int_a^b f(x)\,dx - 0 = \int_a^b f(x)\,dx
\end{aligned}
$$

が成立することがわかる。 □

定理 24より、定積分の値の計算は不定積分の計算に帰着されることがわかった。

※ 定積分の計算では、積分定数 C は省略して計算してもよい。

例 18 $\displaystyle\int x^n\,dx = \frac{x^{n+1}}{n+1} + C \quad (n \neq -1)$ であるから、

$$
\int_1^2 x^n\,dx = \left[\frac{x^{n+1}}{n+1}\right]_1^2 = \frac{2^{n+1}-1}{n+1}
$$

例題 6 次の不定積分と定積分を求めよ。

(1) $\displaystyle\int_2^3 (x^2 - 2x + 3)\,dx$　　(2) $\displaystyle\int \left(6x^2 - 4x - \frac{2}{x} + \frac{5}{x^2}\right) dx$

(3) $\displaystyle\int -15t^2(4 - t^2)\,dt$　　(4) $\displaystyle\int_1^2 -15t^2(4 - t^2)\,dt$

解答

(1) $\displaystyle\int_2^3 (x^2 - 2x + 3)\,dx = \left[\frac{1}{3}x^3 - 2 \times \frac{1}{2}x^2 + 3x\right]_2^3$

$\displaystyle= \left[\frac{1}{3}x^3 - x^2 + 3x\right]_2^3 = (\frac{1}{3}3^3 - 3^2 + 3 \times 3) - (\frac{1}{3}2^3 - 2^2 + 3 \times 2)$

$\displaystyle= \frac{13}{3}$

(2) $\displaystyle\int\left(6x^2-4x-\frac{2}{x}+\frac{5}{x^2}\right)dx=\int\left(6x^2-4x-2x^{-1}+5x^{-2}\right)dx$

$\displaystyle =6\times\frac{1}{3}x^3-4\times\frac{1}{2}x^2-2\log|x|+5\times\frac{1}{-1}x^{-1}+C$

$\displaystyle =2x^3-2x^2-2\log|x|-\frac{5}{x}+C$

(3) $\displaystyle\int -15t^2(4-t^2)\,dt=\int(15t^4-60t^2)\,dt$

$\displaystyle =15\times\frac{1}{5}t^5-60\times\frac{1}{3}t^3+C=3t^5-20t^3+C$

(4) (3) より

$\displaystyle\int_1^2 -15t^2(4-t^2)\,dt=\Big[3t^5-20t^3\Big]_0^3$

$=(3\cdot 2^5-20\cdot 2^3)-(3\cdot 1^5-20\cdot 1^3)=-47$ □

問題 25 次の定積分の値を求めよ。

(1) $\displaystyle\int_{-1}^3 x\,dx$　(2) $\displaystyle\int_0^{\pi}\sin x\,dx$　(3) $\displaystyle\int_0^1 e^x\,dx$　(4) $\displaystyle\int_0^2\sqrt{4-x^2}\,dx$

解　(1) 4　(2) 2　(3) $e-1$　(4) π

定理 26 (置換積分法) $f(x)$ は閉区間 I で連続で、$\varphi(t)$ は閉区間 J で微分可能で、$\varphi(t)$ の値域は I に含まれ、1 対 1 対応とする。そのとき、

(1) $x=\varphi(t)$ とすると

$$\int f(x)\,dx=\int f(x)\frac{dx}{dt}\,dt=\int f(\varphi(t))\varphi'(t)\,dt$$

(2) $a=\varphi(\alpha),b=\varphi(\beta)$ とすると

$$\int_a^b f(x)\,dx=\int_\alpha^\beta f(x)\frac{dx}{dt}\,dt=\int_\alpha^\beta f(\varphi(t))\varphi'(t)\,dt$$

問題 26 次の不定積分を求めよ。

(1) $\displaystyle\int \frac{2x}{x^2+1}\,dx$　(2) $\displaystyle\int \sqrt{4x+1}\,dx$　(3) $\displaystyle\int \frac{1}{2x-1}\,dx$

(4) $\displaystyle\int \frac{1}{x^2+2x+4}\,dx$　(5) $\displaystyle\int \frac{dx}{\sqrt{9-(2x+1)^2}}$　(6) $\displaystyle\int \sin^2 x\,dx$

(7) $\displaystyle\int (e^x+e^{-x})^2\,dx$　(8) $\displaystyle\int \frac{\sqrt[3]{x}+1}{\sqrt[3]{x}+3}\,dx$ （$t=\sqrt[3]{x}$ とおく）

解　(1) $\log(x^2+1)+C$　(2) $\frac{1}{6}(4x+1)\sqrt{4x+1}+C$　(3) $\frac{1}{2}\log|2x-1|+C$
(4) $\frac{1}{\sqrt{3}}\arctan\frac{x+1}{\sqrt{3}}+C$　(5) $\frac{1}{2}\arcsin\frac{2x+1}{3}+C$　(6) $\frac{1}{2}x-\frac{1}{4}\sin 2x+C$
(7) $\frac{1}{2}e^{2x}+2x-\frac{1}{2}e^{-2x}+C$　(8) $x-3(\sqrt[3]{x})^2+18\sqrt[3]{x}-54\log|\sqrt[3]{x}+3|+C$

定理 27 (部分積分法) ある区間 I で定義された関数 $f(x)$ と $g(x)$ が、I で微分可能とすると、

(1) $$\int f(x)g'(x)\,dx = f(x)g(x) - \int f'(x)g(x)\,dx$$

(2) $$\int_a^b f(x)g'(x)\,dx = \Big[f(x)g(x)\Big]_a^b - \int_a^b f'(x)g(x)\,dx$$

が成立する。

問題 27 次の積分を計算せよ。

(1) $\displaystyle\int xe^x\,dx$　(2) $\displaystyle\int x\log x\,dx$　(3) $\displaystyle\int x\cos 3x\,dx$　(4) $\displaystyle\int_1^e x^2\log x\,dx$

解　(1) $(x-1)e^x+C$　(2) $\frac{1}{2}x^2\log x-\frac{1}{4}x^2+C$　(3) $\frac{1}{3}x\sin 3x+\frac{1}{9}\cos 3x+C$
(4) $\frac{2e^3+1}{9}$

問題 28 $I=\displaystyle\int e^{ax}\cos bx\,dx$　$J=\displaystyle\int e^{ax}\sin bx\,dx$　$(a\neq 0,\ b\neq 0)$ を求めよ。

ヒント：$I=\displaystyle\int\left(\frac{1}{a}e^{ax}\right)'\cos bx\,dx$,　$J=\displaystyle\int\left(\frac{1}{a}e^{ax}\right)'\sin bx\,dx$ に部分積分法を使う。

解　$I=\frac{e^{ax}}{a^2+b^2}(a\cos bx+b\sin bx)+C,J=\frac{e^{ax}}{a^2+b^2}(a\sin bx-b\cos bx)+C$

問題 29 次の定積分の値を求めよ。

(1) $\displaystyle\int_{-2}^4 |x|\,dx$　(2) $\displaystyle\int_0^1 \frac{2}{x+3}\,dx$　(3) $\displaystyle\int_1^4\left(\sqrt{2x+1}+\frac{4}{x}\right)dx$

解　(1) 10　(2) $2\log\frac{4}{3}$　(3) $9-\sqrt{3}+8\log 2$

1.11.4　広義積分

これまでに述べた定積分 $\int_a^b f(x)\,dx$ は端点 a, b がともに有限で $f(x)$ は閉区間 $[a,b]$ で有界であった。この定義を拡張して無限区間の上の積分や有限個の点で無限大になる関数の積分を考えよう。

例えば

$$\int_a^{\infty} f(x)\,dx = \lim_{b\to\infty}\int_a^b f(x)\,dx, \quad \int_{-\infty}^{b} f(x)\,dx = \lim_{a\to-\infty}\int_a^b f(x)\,dx$$

$$\int_{-\infty}^{\infty} f(x)\,dx = \int_{-\infty}^{c} f(x)\,dx + \int_c^{\infty} f(x)\,dx$$

($-\infty < c < \infty$ で積分値は c の取り方によらない)

で無限区間の上の積分は定義される。これらの定義はすべて右辺の極限値が存在する場合のみ考えることにする。

※ 広義積分について、

$$\int_{-\infty}^{\infty} e^{-x^2}\,dx = \sqrt{\pi}, \quad \int_{-\infty}^{\infty} \frac{1}{\sqrt{\pi}} e^{-x^2}\,dx = 1 \tag{1.17}$$

が成立する。実は、不定積分 $\int e^{-x^2}\,dx$ は初等関数で表せないが，無限積分 $\int_0^{\infty} e^{-x^2}\,dx$ の値は求めることができることがわかる．この結果は，Gauss(ガウス)積分と呼ばれており，正規分布に関連する確率論などで重要な結果である．

例題 7 広義積分 $\int_1^{\infty} \frac{1}{x\sqrt{x}}\,dx$ の値を求めよ。

解答

極限を用いて計算すると

$$\int_1^{\infty} \frac{1}{x\sqrt{x}}\,dx = \lim_{t\to\infty}\int_1^t \frac{1}{x\sqrt{x}}\,dx = \lim_{t\to\infty}\left[-\frac{2}{\sqrt{x}}\right]_1^t = \lim_{t\to\infty}\left(2 - \frac{2}{\sqrt{t}}\right) = 2$$

□

問題 30 $\displaystyle\int_1^\infty \frac{1}{x^\alpha}\,dx \quad (\alpha > 0)$ を求めよ。

解　$0 < \alpha \leqq 1$ のとき ∞、$\alpha > 1$ のとき $\frac{1}{\alpha-1}$

第2章　確率：Probability

この章では、確率の定義について述べる。

確率についての理論的考察は、17 世紀にカードゲームに関する数学的問題についての議論に始まったと言われている。これらは、順列・組合せに関する問題で、この頃に第 1章で述べた、順列、組合せ、二項定理などの理論が確立した。19 世紀以降に、自然科学や社会科学の分野などの広く応用されるようになった。

2.1　確率の定義

1 個のさいころを投げたとき、3 の目が出る確率は？と聞かれると、$\frac{1}{6}$ だと答えるだろう。この場合、さいころの目は $\{1, 2, 3, 4, 5, 6\}$ の 6 通りで、3 の目がその中の 1 通りだと考えられるからである。

この考え方から、確率を

$$\frac{\text{考察対象の場合の数}}{\text{起こりうるすべての場合の数}} \tag{2.1}$$

と定義すればどうだろう？

この定義を適用すれば、宝くじを 1 枚買ったとき、その宝くじが 1 等に当たる確率はどうなるか考えてみよう。起こりうる場合は {当たる・外れる} の 2 通りで、当たるのはその中の 1 通りだから宝くじが 1 等に当たる確率は、

$$\frac{\text{考察対象の場合の数}}{\text{起こりうるすべての場合の数}} = \frac{1}{2}$$

ということになる。これは納得できるだろうか？納得しちゃだめだよ！

では、どこがおかしいのだろう？

宝くじの例では、当たりくじの枚数と外れくじの枚数を無視してしまっているところにおかしな点がある。(2.1) で確率を定義する場合には、起こりうるすべての各場合の起こりやすさが等しいという条件が必要になるだろう。また、起こりうるすべてを考えるとき、それが無限通りの場合には適用できそうにない。

ここではまず、さいころの例のような確率について考察することから始めよう。そのために、確率の分野で使われている用語や記号を準備しておこう。

定義 28 (用語・記号)

(1) 試行：実験や観測などのこと

(2) 事象：試行により起こる事柄

(3) 標本空間：試行にって起こりうるすべての場合の集合、または考える事象全体からなる集合（全事象とも呼ぶ）

(4) 根本事象：事象のうち、ただ 1 つの要素で作られる事象（根元事象とも呼ぶ）

(5) 事象 A に対し、A の根本事象の個数を記号 $n(\mathrm{A})$ で表す。

事象は、1 ページの第 1.1 節で述べた集合と同一視して表されることが多い。すなわち、標本空間（全事象）が全集合 S であり、それぞれの事象は S の部分集合と考えられる。

例題 2.1

1 個のさいころを 1 回投げると、偶数の目が出る。このとき、「試行」「事象」「標本空間」は何を指すか答えなさい。また、標本空間の根本事象をすべて挙げなさい。

解答

試行：1 個のさいころを 1 回投げる

事象： 偶数の目 $\{\ 2, 4, 6\ \}$ が出る

標本空間：$\{1, 2, 3, 4, 5, 6\ \}$

根本事象：$\{1\}, \{2\}, \{3\}, \{4\}, \{5\}, \{6\}$ □

さて、同じ大きさの 30 個の白い玉と 20 個の赤い玉が入っている箱がある。この箱に手を入れて、よくかき混ぜて、箱の中を見ないで玉を 1 個取り出すとき、取り出される玉の色が白か赤かを、取り出す前に的中させることはできない。それは、取り出される玉の色が白か赤かは、偶然だけに支配されていると考えられるからである。このような場合、50 個の玉の取り出される可能性を **同様な確からしさ、同程度の起こりやすさ、一様の起こりやすさ**または、 **同様に確からしい**などと表現をする。

定義 29 (確率の定義〜数学的確率・古典的確率〜)
標本空間 S のすべての根本事象に対して、起こる可能性が同様に確からしい場合、この標本空間の任意の事象 A について、A が起こる確率 P(A) を

$$P(\mathrm{A}) = \frac{n(\mathrm{A} \cap \mathrm{S})}{n(\mathrm{S})} = \frac{\text{A の根本事象の個数}}{\text{標本空間の根本事象の個の数}} \tag{2.2}$$

によって定義する。言い換えると、A が起こる確率 P(A) は、標本空間における A の割合である。
※ (2.1) との違いは、「同様な確からしさ」が前提条件として仮定されているところである。

例 19 1 個のさいころを投げたときに 7 の目が出るという事象 A の確率はどうなるだろうか？

例 19 の解答

標本空間 S はさいころの目であるから、S$= \{1, 2, 3, 4, 5, 6\}$
事象 A は 7 の目だから、A$= \{7\}$
ゆえに、　S$\supset$ S$\cap$ A$= \emptyset$ であり、定義 29 より

$$P(\mathrm{A}) = \frac{n(\mathrm{A} \cap \mathrm{S})}{n(\mathrm{S})} = \frac{0}{6} = 0$$

□

先ほど述べたように、事象は標本空間の部分集合と考えると、標本空間に含まれない事象の場合は、標本空間の部分集合である空集合 $\emptyset$ に相当すると考えることができる。この場合の確率は 0 である。このように、**定義 29 による確率が 0 ということは、実現不可能、すなわち、起こらない**ということを意味している。

例題 2.2

同じ大きさの 30 個の白い球と 20 個の赤い玉が入っている箱がある。この箱に手を入れて、よくかき混ぜて、箱の中が見ないで玉を 1 個取り出すとき、取り出される玉の色が白である確率 P を求めなさい。

解答 箱の中には 50 個の玉が入っていて、1 個を取り出すすべての根本事象は、同様に確からしいので、求める確率 P は

$$\mathrm{P} = \frac{30}{50} = \frac{3}{5}$$

□

さて、次の例を考えよう。

例 20 ストップウォッチに表示される秒数の小数点以下を観察する。例えば、ストップウォッチの表示が 4 分 23 秒 123456 であったら、秒数の小数点以下を観察するので、その観測値は 0.123456 とする。このとき、時間は連続なので、標本空間は 0 秒と 1 秒の間であり、区間 $[0,1)$ と考えられる。さて、ストップウォッチを見ずに無作為に止めるとき、表示される小数点以下が区間 $[0.5, 0.7)$ である確率はどうなるだろうか？また、無作為に止めるとき、小数点以下が 0.123456 ぴったりになる確率はどうだろうか？

定義 29では、事象の個数を考えていたので、このような連続した数値には対応できそうにない。そこで、次のような確率の定義を考える。

定義 30 (確率の定義〜幾何的確率・連続量的確率〜)

実数値の区間 I に対して、I の長さを $m(I)$ とする。I のすべての点に対し

て、起こる可能性が同様に確からしい場合、点 P が I の部分集合 J に含まれる確率 $\mathrm{P}(J)$ を

$$\mathrm{P}(J) = \frac{m(I \cap J)}{m(I)} = \frac{J\text{ の長さ}}{I\text{ の長さ}} \tag{2.3}$$

によって定義する。言い換えると、確率 $\mathrm{P}(J)$ は、I における J の長さの割合である。

※ 確率の定義 30 は 1 次元（実数）の場合であるが、同様に、2 次元の場合は面積の割合、3 次元の場合は体積の割合を考えて定義することができる。

定義 30 を適用して例 20 の解答を考えると次のようになる。

例 20 の解答

表示される小数点以下が区間 $[0.5, 0.7)$ である確率 P_1 は

$$\mathrm{P}_1 = \frac{[0.5, 0.7)\text{ の長さ}}{[0, 1)\text{ の長さ}} = \frac{0.2}{1} = 0.2$$

小数点以下が 0.123456 ぴったりになる確率 P_2 は

$$\mathrm{P}_1 = \frac{[0.123456, 0.123456]\text{ の長さ}}{[0, 1)\text{ の長さ}} = \frac{0}{1} = 0$$

である。 □

この 例 20 からわかるように、無作為に 1 点にぴったりと一致する確率は 0 である。つまり、連続した数値の場合、小数点以下をすべてぴったりと一致させるのはほぼ不可能である。したがって、起こらない事象の確率は 0 であるが、**確率が 0 ならば限りなく起こらないことに等しい**ことになる。

定義 29, 定義 30 における確率 0 は、数値として一致しているが、その解釈が完全に一致するとは限らない。確率・統計・データ分析では、計算間違いなどしなければ、1 通りの数値を求められるが、その解釈が 1 通りとは限らない。ここが、この分野の難解な点である。

ここまで確率の定義について述べてきたが、集合の長さ（面積・体積）をど

のように測るのか?「同様な確からしさ」にしてもどのようにして保証されているのか?などなどまだまだあいまいさや懐疑的要素が残されているようだ。

というわけで、確率を割合として定義するのは困難なようである。そこで、20 世紀にKolmogorov（コルモゴロフ）氏は、確率を具体的に記述するのではなく、事象に対応する数値、すなわち、確率を関数として考え、その関数が満たす条件を導入することで、確率を定義した（定義 33)。この定義は、抽象的ではあるが、一般的な確率にも十分な基礎を与え、統計への応用もできる。その大要について述べるため、次の定義から始めよう。

定義 31 (互いに排反・互いに素)

事象 A, B が $A \cap B = \emptyset$ のとき、A, B は **互いに排反**、または**互いに素**であるという。

例 21 1 個のさいころを 1 回投げるとき、奇数の目が出る事象を A、3, 6 の目が出る事象を B、1, 5 の目が出る事象を C とする。これを集合で表してみよう。

標本空間 $S = \{1, 2, 3, 4, 5, 6\}$, $A = \{1, 3, 5\}$, $B = \{3, 6\}$, $C = \{1, 5\}$

このとき、$A \cap B = \{3\} \neq \emptyset$ だから、A, B は互いに排反ではない。

$B \cap C = \emptyset$ だから、A, B は互いに排反である。

定義 32 (完全加法集合族)

集合 S の部分集合から成る集合（このような集合の集合は**集合族 (family of sets)** と呼ばれる）$\mathcal{B}$ が次の 3 つの条件を満たすとき、$\mathcal{B}$ を S の**完全加法集合族** と呼ぶ。

(1) $S \in \mathcal{B}$

(2) $A \in \mathcal{B}$ ならば ${}^{\mathsf{C}}A \in \mathcal{B}$

(3) $A_1, A_2, \ldots \in \mathcal{B}$ に対し、$\displaystyle\bigcup_{j=1}^{\infty} A_j \in \mathcal{B}$ が成立する。
（$\mathcal{B}$ の要素の可算個の和も $\mathcal{B}$ の要素）

※ 上記の定義32 の条件 (1) は「$\mathcal{B} \neq \emptyset$」で置き換えられる。なぜなら、$\emptyset \neq \mathcal{B}$ ならば、少なくとも1つのSの部分集合 $\mathrm{A} \in \mathcal{B}$ が存在する。よって、条件 (2) より ${}^{\mathrm{C}}\mathrm{A} \in \mathcal{B}$ であり、条件 (3) より $\mathrm{S} = \mathrm{A} \cup {}^{\mathrm{C}}\mathrm{A} \in \mathcal{B}$ がわかる。

また、$\mathrm{S} \in \mathcal{B}$ だから条件 (2) より $\emptyset = {}^{\mathrm{C}}\mathrm{S} \in \mathcal{B}$ であり、$\mathrm{A}, \mathrm{B} \in \mathcal{B}$ ならば $\mathrm{A} \cup \mathrm{B} \in \mathcal{B}$ であり、$\mathrm{A} \cap \mathrm{B} = {}^{\mathrm{C}}({}^{\mathrm{C}}\mathrm{A} \cup {}^{\mathrm{C}}\mathrm{B}) \in \mathcal{B}$ もわかる。

例 22 $\mathrm{S} = \{a, b\}$ とするとき、Sの部分集合の集合 $\mathcal{B}_1 = \{\{a\}, \{b\}\}$ は、Sの完全加法族ではない。なぜなら、$\{a\} \cup \{b\} = \{a, b\} \notin \mathcal{B}_1$ であり、定義32 の条件 (3) を満たさないからである。

Sの部分集合の集合 $\mathcal{B}_2 = \{\emptyset, \{a, b\}\}$ は、定義32 の条件をすべて満たすので、Sの完全加法族である。

Sの部分集合の集合 $\mathcal{B}_3 = \{\emptyset, \{a\}, \{b\}, \{a, b\}\}$ も、定義32 の条件をすべて満たすので、Sの完全加法族である。

※ 集合Sの完全加法族は、Sの部分集合の空でない族で、S自身を含み、補集合および可算な合併に関して閉じているものと考えられ、より有用な例は、定義30 のように、Sが連続な実数、または実数直線などの場合で（Borel 集合族と呼ばれる）、それは測度論の分野で重要であるが、本書では、次の確率の定義33 を述べるために紹介したので、興味がある人は、測度論などの分野で詳細を学んでいただければと思う。

定義 33 (確率の定義〜公理的確率〜)

集合Sの完全加法族 $\mathcal{B}$ の要素Aに対して実数 P(A) を対応させるとき、次の3つの条件を満たすならば、P(A) をAの確率と呼ぶ。

(1) $0 \leqq \mathrm{P(A)} \leqq 1$

(2) $\mathrm{P(S)}=1$

(3) $\mathrm{A}_1, \mathrm{A}_2, \ldots \in \mathcal{B}$ に対して、$j \neq k$ のとき $\mathrm{A}_j \cap \mathrm{A}_k = \emptyset$ （互いに素）ならば　$\mathrm{P}(\mathrm{A}_1 \cup \mathrm{A}_2 \cup \ldots) = \mathrm{P}(\bigcup_{j=1}^{\infty} \mathrm{A}_j) = \sum_{j=1}^{\infty} \mathrm{P}(\mathrm{A}_j)$　が成立する。

定義 33 において、S は標本空間、A は事象、3 つの条件は **確率の公理**と呼ばれる。この確率の公理の条件 (1) は「確率は 0 と 1 の間」、(2) は「全体の確率は 1」、(3) は「互いに素な集合の和集合の確率は、確率の和に等しい」ことを示していることがわかる。

こうして、確率は、"同様な確からしさ"などの起こる可能性ということではなく、確率の公理を満たす実数への対応として定義される。すなわち、確率の公理を満たせば、それは全て確率と呼ぶのである。定義 29, 定義 30は、確率の公理に集約されたと考えられる。

また、"同様な確からしさ"は、$\mathcal{B}$ の要素が n 個の場合は、

$$\mathrm{P}(A_1) = \mathrm{P}(A_2) = \cdots = \mathrm{P}(A_n), \quad \sum_{j=1}^{n} \mathrm{P}(\mathrm{A}_j) = 1$$

という条件である。

以上述べたように、確率の概念は、事象の全体からなる標本空間 S において、S の完全加法族 $\mathcal{B}$ の要素である事象 A に対応する数値 P を指定することにより考えられる。この意味で、この組 $\{\mathrm{S}, \mathcal{B}, \mathrm{P}\}$ を **確率空間**と呼ぶ。

※ この場合の「空間」は、いわゆる「3 次元空間」のような次元に関連する意味ではなく、「確率を考えるために必要なもの」という意味合いで用いられていると考えてよい

さてさて、実際に起こる可能性について考えてみよう。1 個の画鋲を投げるとき、針が上を向くという事象と下を向くという事象のどちらかが起こることになるが、残念ながら、画鋲の形状により、この 2 つの事象が起こる可能性は、同様に確かではない。したがって、針が上を向く確率は $\frac{1}{2}$ ではない。実際に画鋲を何度も投げてみて、針が上を向いた回数を調べてみる以外には方法がない。しかしながら、投げる回数を増やしたとしても、この方法では、同様な確からしさがあるかどうかを正確には知ることができない。

しかしながら、後述する 172 ページの大数の法則（定理 89）により、次のような確率の定義を考えることができる。。

定義 34 (確率の定義〜統計的確率・経験的確率〜)
試行回数を k とし、k 回のうちに事象 A が起こる回数を $n(\mathrm{A})$ とする。k を十分大きくするとき、A の起こる割合（相対頻度）$\dfrac{n(\mathrm{A})}{k}$ が一定値 α に近づけば、事象 A の確率を

$$\mathrm{P(A)} = \alpha$$

によって定義する。言い換えると、A が起こる確率 P(A) は、実験データに基づいて経験的、統計的に得られた割合である。

定義 34 では、同様な確からしさという条件はない。また、極限の収束性を仮定しているが、現実では無限回の試行は実行できないので、有限回の試行における相対頻度により確率を近似することになるため、定義 34 にあいまいな部分があることは否めない。それでも、すべての根本事象が起こる可能性が同様に確からしいという仮定が成立するならば、定義 29 の数学的確率は、定義 34 の統計的確率に等しい。こうして、数学的確率の定義 29 では考えられなかった出生率、ある病気による死亡率などが、統計的確率として定義 34 で考えられる。

天気予報で降水確率 0 %ということがあるが、この場合でも、**確率が 0 ならば起こらないというわけではない**のである。

例 23　1 個のさいころを 1 回投げるとき、奇数の目が出る事象を A、3, 6 の目が出る事象を B とする。これを集合、図で表してみよう。

標本空間 $\mathrm{S} = \{1, 2, 3, 4, 5, 6\}$, $n(\mathrm{S}) = 6$

$\mathrm{A} = \{1, 3, 5\}$, $n(\mathrm{A}) = 3$

$\mathrm{B} = \{3, 6\}$, $n(\mathrm{B}) = 2$

$\mathrm{A} \cup \mathrm{B} = \{1, 3, 5, 6\}$, $n(\mathrm{A} \cup \mathrm{B}) = 4$

$\mathrm{A} \cap \mathrm{B} = \{3\}$, $n(\mathrm{A} \cap \mathrm{B}) = 1$

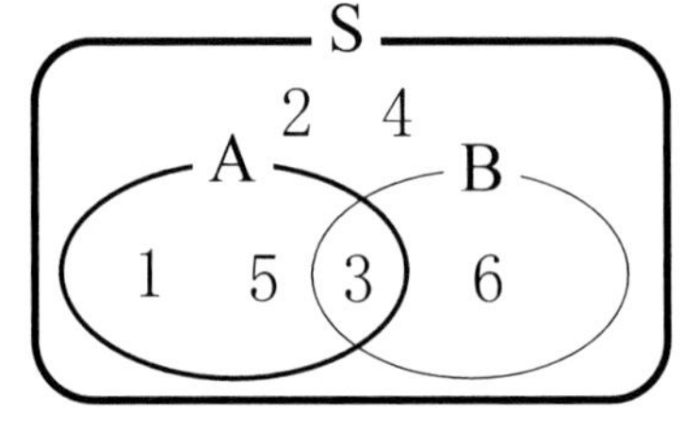

このとき、$\mathrm{A} \cap \mathrm{B} \neq \emptyset$ であるので、A, B は互いに排反ではない。

確率は、定義 29 が適用できるので、それぞれ求めると、

$$\mathrm{P(S)} = \frac{6}{6} = 1, \quad \mathrm{P(A)} = \frac{3}{6} = \frac{1}{2}, \quad \mathrm{P(B)} = \frac{2}{6} = \frac{1}{3},$$

$$\mathrm{P}(\mathrm{A} \cup \mathrm{B}) = \frac{4}{6} = \frac{2}{3}, \quad \mathrm{P}(\mathrm{A} \cup \mathrm{B}) = \frac{1}{6}$$

例 24　1 個のさいころを 1 回投げるとき、3 の目が出る事象を A、5 の目が出る事象を B とする。これを集合、図で表してみよう。

標本空間 $\mathrm{S} = \{1, 2, 3, 4, 5, 6\}, n(\mathrm{S}) = 6$

$\mathrm{A} = \{3\}, n(\mathrm{A}) = 1$

$\mathrm{B} = \{5\}, n(\mathrm{B}) = 1$

$\mathrm{A} \cup \mathrm{B} = \{3, 5\}, n(\mathrm{A} \cup \mathrm{B}) = 2$

$\mathrm{A} \cap \mathrm{B} = \{\ \} = \emptyset, n(\mathrm{A} \cap \mathrm{B}) = 0$

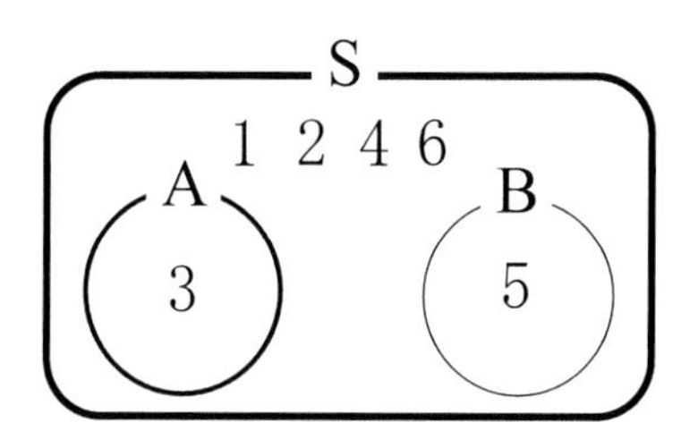

確率は、定義 29 が適用できるので、それぞれ求めると、

$$\mathrm{P}(\mathrm{A}) = \frac{1}{6}, \qquad \mathrm{P}(\mathrm{B}) = \frac{1}{6}, \qquad \mathrm{P}(\mathrm{A} \cup \mathrm{B}) = \frac{2}{6} = \frac{1}{3}$$

このとき、$\mathrm{A} \cap \mathrm{B} = \emptyset$ であるので、A, B は互いに排反である。よって確率は、次のような計算でも求めることができる。

$$\mathrm{P}(\mathrm{A} \cup \mathrm{B}) = \mathrm{P}(\mathrm{A}) + \mathrm{P}(\mathrm{B}) = \frac{1}{6} + \frac{1}{6} = \frac{1}{3}$$

例題 2.3

同じ大きさの 4 個の青球と 2 個の黄球が入っている箱がある。この箱に手を入れて、よくかき混ぜて、箱の中を見ないで球を 1 個取り出すとき、一様の起こりやすさがあるとする。

(1) 青球に 1 ～ 4 の番号を付け、黄球に 5, 6 の番号を付けたとき、標本空間を記述しなさい。

(2) (1) のとき、青球の 3 番を取り出す確率 P_1 を求めなさい。

(3) 同じ色の球は区別できないとき、標本空間を記述しなさい。

(4) (3) のとき、青球と取り出す確率 P_2 を求めなさい。

解答

(1) 標本空間は { 青 1, 青 2, 青 3, 青 4, 黄 5, 黄 6 }

(2) 青球の3番は1個だけだから、確率 $P_1 = \frac{1}{6}$

(3) 標本空間は {青, 黄}

(4) 青球は4個だから、確率 $P_2 = \frac{4}{6} = \frac{2}{3}$

□

例 25 同じ大きさの3個の青玉と2個の黄玉が入っている箱がある。この箱に手を入れて、よくかき混ぜて、箱の中を見ないで玉を2個同時に取り出すとき、一様の起こりやすさがあるとする。

(1) 標本空間を記述しなさい。

(2) 取り出した2個の玉の色が違う確率 P を求めなさい。

では、標本空間を記述して、確率 P を求めよう。

(1) 玉の色が青と黄だから、標本空間は { (青青), (青黄), (黄黄) } と記述できる。

(2) (1) より、標本空間は3通りで、色が違うのは（青黄）の1通りだから、求める確率は

$$P = \frac{1}{3}$$ で良いだろうか？

もう少し考えてみよう。先ほどの例題 2.3 のように玉に番号を付けて、青1, 青2, 青3, 黄1, 黄2 とすると、標本空間は

{ (青1青2), (青1青3), (青2青3), (青1黄1), (青1黄2),

(青2黄1), (青2黄2), (青3黄1), (青3黄2), (黄1黄2) }

となり、標本空間は10通りである。

よく考えると、箱には合計5個の玉が入っていて、その中から2個の玉を取り出すので、

$${}_5C_2 = \frac{{}_5P_2}{2!} = \frac{5 \times 4}{2 \times 1} = 10$$ 通りである。

つまり、先ほど (1) で記述した標本空間の 3 通りは、見掛けであり、本質的な根本事象は 10 通りなのである。

したがって、この 10 通りが同様な確からしさがあると考えられ、その中で色が違うのは 6 通りだから、求める確率は

$$\mathrm{P} = \frac{6}{10} = \frac{3}{5}$$

となり、最初に考えた $\frac{1}{3}$ は誤りである。

例題 2.4

じゃんけんゲームをするために、グー、チョキ、パーの絵が描かれたさいころを 1 個準備した。グーは 1 面、チョキは 2 面、パーは 3 面に描いてある。このさいころを、まず A さんが投げて、次に B さんが投げる。

(1) 標本空間を記述しなさい。

(2) さいころの 6 面に一様の起こりやすさがあるとき、このゲームが引き分けになる確率 P を求めなさい。

解答

(1) グー、チョキ、パーをそれぞれグ、チ、パ で表し、A さんと B さんが出すじゃんけんの組であるので、標本空間は

$$\{ (グ, グ), (グ, チ), (グ, パ), (チ, グ), (チ, チ), (チ, パ), (パ, グ), (パ, チ), (パ, パ) \}$$

(2) A さんも B さんも 6 面のサイコロを転がすので、すべての場合の数は

$$6(通り) \times 6(通り) = 36(通り)$$

引き分けになるためには、A さんが出した絵と B さんが出した絵が同じになることである。このとき、

$$(グ, グ)\ は\quad 1(通り) \times 1(通り) = 1(通り)$$

$$(チ, チ)\ は\quad 2(通り) \times 2(通り) = 4(通り)$$

(パ, パ) は　3(通り) × 3(通り) = 9(通り)

だから引き分けになる場合は、合計 14(通り)

したがって、求める確率は、$P = \dfrac{14}{36} = \dfrac{7}{18}$ □

2.2　確率の仮定

例題 2.5

3 個の玉を次のように分配する方法は、何通りあるか求めなさい。

(1) 区別できる 3 個の玉を、3 個の箱 A, B, C に分配する方法

(2) 区別できない 3 個の玉を、3 個の箱 A, B, C に分配する方法

(3) 区別できない 3 個の玉を、区別できない 3 個の箱に分配する方法

(4) 1 つの箱には玉は 1 個しか入らないとき、区別できない 3 個の玉を、区別できない 3 個の箱に分配する方法

解答

(1) まず、1 個の玉をそれぞれ箱 A, B, C に入れる場合を考えれば、3 通り。
次の 1 個の玉もそれぞれ箱 A, B, C に入れる場合を考えれば、3 通り。
最後の 1 個の玉もそれぞれ箱 A, B, C に入れる場合を考えれば、3 通り。
したがって、この場合の分配する方法は、$3^3 = 27$ 通り

(2) 次のように、5 つの印の中から 2 つ▲を選ぶことにより、そこを境として、3 つの箱 A, B, C に入れる玉の個数を決めることにする。
例えば、

△　▲　△　△　▲

箱 A ｜　箱 B　｜ 箱 C

1 個　2 個　0 個　このように考えて、${}_5C_2 = 10$ 通り

(3) 玉も箱も区別できないので、3 個の玉を 3 つに分配する方法は、

(3 個, 0 個 ,0 個)、(2 個, 1 個, 0 個)、(1 個 ,1 個 ,1 個) の 3 通り

(4) 1 つの箱には玉は 1 個しか入らないとき、玉も箱も区別できないので、3 個の玉を 3 つに分配する方法は、(3) より (1 個 ,1 個 ,1 個) の 1 通り

□

例 26 例題 2.5 に関連して、3 個の箱 A, B, C に、区別ができない 3 個の玉を分配するとき、箱 A に 3 個、箱 B と C に 0 個となる確率を考察しよう。また、箱 A に 1 個、箱 B に 1 個、箱 C に 1 個となる確率を考察しよう。さらに、箱も区別できない場合も調べてみよう。

(i) まず、3 個の玉を区別できるように色を付け、白、黒、赤として、箱 A, B, C に分配される玉の場合の数を (箱 A, 箱 B, 箱 C) として考える。このとき、白玉は、箱 A, B, C のどれかに入るので 3 通り。同様に、黒玉、赤玉も 3 通りずつなので、場合の数は 例題 2.5 (1) より $3^3 = 27$ 通りであり、書き出すと下記のようになり、それぞれの確率は、すべて $\dfrac{1}{27}$ になる。

・3 個の玉が区別できる場合

(白黒赤, 0, 0)　(0, 白黒赤, 0)　(0, 0, 白黒赤)
(白黒, 赤, 0)　(白赤, 黒, 0)　(黒赤, 白, 0)
(白黒, 0, 赤)　(白赤, 0, 黒)　(黒赤, 0, 白)
(白, 黒赤, 0)　(黒, 白赤, 0)　(赤, 白黒, 0)
(白, 0, 黒赤)　(黒, 0, 白赤)　(赤, 0, 白黒)
(0, 白黒, 赤)　(0, 白赤, 黒)　(0, 黒赤, 白)
(0, 白, 黒赤)　(0, 黒, 白赤)　(0, 赤, 白黒)
(白, 黒, 赤)　(白, 赤, 黒)　(黒, 白, 赤)
(黒, 赤, 白)　(赤, 白, 黒)　(赤, 黒, 白)

(ii) 次に、(i) を利用して、それぞれの箱に入っている玉の個数を記述して、3 個の玉が区別できない場合の数を考える。

・3個の玉が区別できない場合：例題 2.5 (2) より　10通り

(3, 0, 0)	(0, 3, 0)	(0, 0, 3)
(2, 1, 0)	(2, 1, 0)	(2, 1, 0)
(2, 0, 1)	(2, 0, 1)	(2, 0, 1)
(1, 2, 0)	(1, 2, 0)	(1, 2, 0)
(1, 0, 2)	(1, 0, 2)	(1, 0, 2)
(0, 2, 1)	(0, 2, 1)	(0, 2, 1)
(0, 1, 2)	(0, 1, 2)	(0, 1, 2)
(1, 1, 1)	(1, 1, 1)	(1, 1, 1)
(1, 1, 1)	(1, 1, 1)	(1, 1, 1)

この場合、上記の書きだした玉の個数の組からも、例題2.5 (2) からもわかるように、10通りである。箱 A に3個、箱 B と 箱 C に0個となるのは、(3, 0, 0) の 1 通りなので、確率は $\frac{1}{27}$ である。

また、箱 A に 1 個、箱 B に 1 個、 C に 1 個となるのは、(1, 1, 1) で上記より 6 通りなので、確率は $\frac{6}{27} = \frac{2}{9}$ である。

ついでに、　(0,3,0),(0,0,3) の確率は、それぞれ $\frac{1}{27}$

(2,1,0),(2,0,1),(1,2,0),(1,0,2),(0,2,1),(0,1,2) の確率はそれぞれ $\frac{1}{9}$

(iii) 最後に、3 個の箱も玉も区別できない場合の数を考える。

上記の (ii) で書き出した玉の個数の組合せから、

3 個, 0 個, 0 個：3 組　2 個, 1 個, 0 個：18 組　1 個, 1 個, 1 個：6 組

したがって、3 個, 0 個, 0 個に分配される場合の確率は $\frac{3}{27} = \frac{1}{9}$ で、

1 個, 1 個, 1 個に分配される場合の確率は $\frac{6}{27} = \frac{2}{9}$ である。

上記の確率の求め方は、3 個の玉がそれぞれどの箱に分配されるかを同様に確からしい（一様である）と仮定して、確率を計算している。このように仮

定する確率モデルを物理・粒子学の分野では **Maxwell-Boltzmann 統計**と呼ばれている。

※ この場合の「統計」という用語は、物理統計の意味で特殊な用語であると考えてよい。

さて、ここでふと考えた。

この例 26 (iii) について、玉も箱も区別できない場合、3 個の玉を 3 つに分配する方法は、≪ 3 個, 0 個, 0 個≫、≪ 2 個, 1 個, 0 個≫、≪ 1 個, 1 個, 1 個≫の 3 通りだけであり、そのうちどれかが起こるので、≪ 3 個, 0 個 ,0 個≫に分配される場合の確率も、≪ 1 個 ,1 個 ,1 個≫に分配される場合の確率も同じ $\dfrac{1}{3}$ と考えられないだろうか？つまり、3 枚のカードがあり、それぞれ≪ 3 個, 0 個, 0 個≫、≪ 2 個, 1 個, 0 個≫、≪ 1 個, 1 個, 1 個≫と書かれている。この 3 枚のカードを外から見えない袋に入れて、1 枚取り出す場合の確率と同じだと考えるのである。このような仮定を決定しても、確率の定義 33の確率の公理をすべて満たす。したがって、≪ 3 個, 0 個, 0 個≫、≪ 2 個, 1 個, 0 個≫、≪ 1 個, 1 個, 1 個≫に分配される確率は、同じ $\dfrac{1}{3}$ と考えることができる。

この確率の決定では、分配された結果の起こる可能性を同様に確からしい（一様である）と仮定して、確率を計算している。このように仮定する確率モデルを物理・粒子学の分野では **Bose-Einstein 統計**と呼ばれている。

物理の分野の統計力学では、区別できない粒子からなる力学系を考える。空間をいくつかの区画に分けて、どの粒子もどれか 1 つの区画に入るようにする。そこで、Maxwell-Boltzmann 統計の仮定で、すべての粒子が各区画に入る確率は、同様に確からしい（一様である）と考え、実証しようとしたが、なかなかうまくいかなかった。そのため逆に、Maxwell-Boltzmann 統計の仮定は適用できないのではないかと考えられるようになった。

そうして、この実証から得られたのが、Bose-Einstein 統計である。

さらに、1 つの区画には 2 個以上の粒子が入ることは不可能であるということが判明する場合を考えよう。この例 26 (iii) について、玉も箱も区別できない場合、Bose-Einstein（ボーズ-アインシュタイン）統計では、3個の玉を3つに分配する方法≪3個, 0個, 0個≫、≪2個, 1個, 0個≫、≪1個, 1個, 1個≫に分配される確率を同じ $\frac{1}{3}$ と考えるので、2個以上の粒子が入ることは不可能であるということから、≪1個, 1個, 1個≫の場合となり、その確率は $\frac{1}{3}$ である。しかしながら、2個以上の粒子が入ることは不可能であるということが判明しているので、実際に起こるのは、3個の粒子は3つの区画に入ってしまう。つまり、≪1個, 1個, 1個≫の1通りだけであり、確率としては100％なのである。こうして、1つの区画には2個以上の粒子が入ることは不可能であるということが判明する場合の確率モデルを考えることになる。

問題を設定し直して、$r \leqq n$ のとき、r 個の玉を n 個の箱に分配する場合を考える。箱も玉も区別できなくて、さらに1個の箱には1個の玉しか分配できないとする。この場合の数は、n 個の箱から r 個を選んで、その中に玉を1つずつ分配すると考えればよいので、

$${}_n\mathrm{C}_r \quad \text{通りである。}$$

したがって、この ${}_n\mathrm{C}_r$ 通りが同様に確からしい（一様である）と仮定することになる。このように仮定する確率モデルは、**Fermi-Dirac（フェルミ-ディラック）統計** と呼ばれている。

※ここでは、これ以上触れないが、興味のある人は、物理統計、統計力学などの分野で詳細を学んで頂ければと思う。

上記のように、確率について、Maxwell-Boltzmann（マクスウェル-ボルツマン）統計、Bose-Einstein（ボーズ-アインシュタイン）統計、Fermi-Dirac（フェルミ-ディラック）統計を紹介したが、これらの例から、何を「同様に確からしい（一様である）」と考えるのかは、1通りではないことを理解してほしい。安易に区別がつかないから「同様に確からしい（一様である）」と考えてしまうのは拙劣的である。「何を同様に確からしい（一様である）」とするのかは、仮定を明確にしなければならないということと同値である。と同時に、事実に基づいて決定すべきものでもある。

例 27 ドリームジャンボ宝くじの1等の当せん金は3億円である。この宝くじを1枚買ったA君が「よし！この宝くじは1等が当たるか、外れるか、そ

の 2 通りしかない。だから、当たる確率は $\frac{1}{2}$ だ！」と話している。さて、あなたの見解は、どうですか？

この話、どう考えても、そんなことはないと思えるのだが、確率論的に考えると、理論上は、あながち間違いというわけではない。A 君の話は、場合の数が「当たる」と「外れる」の 2 通りなので、その 2 通りが同様に確からしいという仮定である。もう少し具体的に言い換えれば、宝くじが当たると書かれたカードと、外れるというカードの 2 枚が入った箱から 1 枚取り出して、そのカードに当たると書かれている確率と考えているわけである。そういう意味で、確率論的には間違いというわけではない。しかしながら、A 君の話は仮定が明確ではないので、話の筋から無理やり Bose-Einstein（ボーズ-アインシュタイン）統計的に考えたに過ぎない。

では、事実はどうだろう？ドリームジャンボ宝くじ 1 枚の 1 等が当たる確率が $\frac{1}{2}$ であるといっても、誰もがそんなことはないと思うはずである。現実として、ドリームジャンボ宝くじ 1 枚の 1 等が当たる確率は、発売枚数が 1 億 1 千万枚で 1 等は 11 枚（2021 年版）であるのだから、$\frac{1}{2}$ というわけではないことは周知の事実である。つまり、A 君の話は、宝くじが「当たる」、「外れる」とそれぞれ書かれたカードの 2 枚が入った箱から 1 枚取り出したカードはどちらであるかということであり、取り出したそのカードに「当たる」と書かれていても、カードに書かれたことが現実に起こるかどうかは、別問題ということである。

この例 27 の A 君の話のように、現実に基づかない仮定の決定は、誰も肯定してくれないものとなるので、前述したように、「何を同様に確からしい（一様である）」とするのかは、事実に基づいて決定すべきものなのである。

※これ以後、特に指示しない限り、数学的確率で考察する場合は、標本空間の根本事象に一様の起こりやすさ、すなわち、根本事象が起こる確率は等しいことを仮定しているものとする。

2.3 確率の基本性質

数学的確率（定義 29）は、公理的確率（定義 34）に含めることができるので、ここでは、公理的確率（定義 34）を導入した確率空間を主として考える。

定理 35 (確率の加法定理)
任意の 2 つの事象 A, B に対して

$$P(A \cup B) = P(A) + P(B) - P(A \cap B) \tag{2.4}$$

が成立する。

証明 定義 34より、事象は集合と考えられるので、

$$A = (A \cap B) \cup (A \cap {}^{C}B), \tag{2.5}$$

$$B = (A \cap B) \cup ({}^{C}A \cap B) \tag{2.6}$$

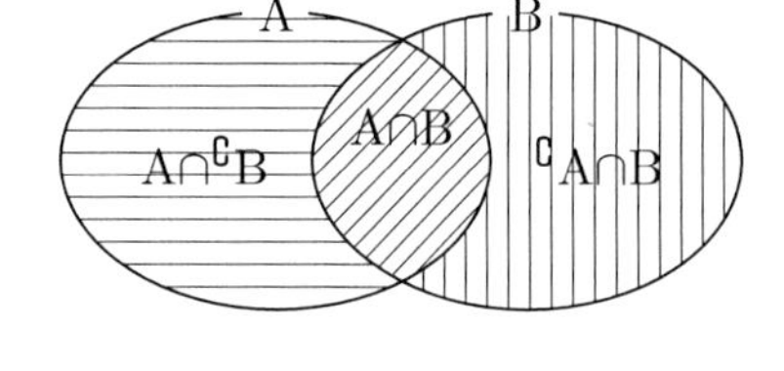

が成立する。同様に、

$$A \cup B = ({}^{C}A \cap B) \cup (A \cap B) \cup (A \cap {}^{C}B) \tag{2.7}$$

が成立する。

ここで、${}^{C}A \cap B$、$A \cap B$、$A \cap {}^{C}B$ は互いに排反であるから、確率の公理 (3) が適用できる。したがって、(2.5), (2.6), (2.7) より

$$\begin{aligned}
(2.4)\text{ の右辺} &= P(A)+P(B)-P(A \cap B) \\
&= P((A \cap B) \cup (A \cap {}^{C}B)) + P((A \cap B) \cup ({}^{C}A \cap B)) - P(A \cap B) \\
&= P(A \cap B) + P(A \cap {}^{C}B) + P(A \cap B) + P({}^{C}A \cap B) - P(A \cap B) \\
&= P({}^{C}A \cap B) + P(A \cap B) + P(A \cap {}^{C}B) \\
&= P(({}^{C}A \cap B) \cup (A \cap B) \cup (A \cap {}^{C}B)) \\
&= P(A \cup B) = (2.4)\text{ の左辺}
\end{aligned}$$

□

例題 2.6

1 から 1000 までの自然数が 1 回ずつ書かれたカード 1000 枚が入っている箱がある。この箱に手を入れて、よくかき混ぜて、箱の中が見ないでカードを 1 枚取り出す。6 で割り切れる数のカードを取り出す事象を A、8 で割り切れる数のカードを取り出す事象を B とするとき、次の確率を求めなさい。

(1) $P(A)$ (2) $P(B)$ (3) $P(A \cap B)$ (4) $P(A \cup B)$

解答

(1) 1000 枚のカードの中で、6 で割り切れる数の書かれたカードは 166 枚だから、

$$P(A) = \frac{166}{1000} = \frac{83}{500}$$

(2) 1000 枚のカードの中で、8 で割り切れる数の書かれたカードは 125 枚だから、

$$P(B) = \frac{125}{1000} = \frac{1}{8}$$

(3) 事象 (A∩B は、6 かつ 8 で割り切れる数、すなわち、24 で割り切れる数のカードを取り出す事象である。1000 枚のカードの中で、24 で割り切れる数の書かれたカードは 41 枚だから、

$$P(A \cap B) = \frac{41}{1000}$$

(4) 確率の加法定理 (2.4) より

$$\begin{aligned} P(A \cup B) &= P(A)+P(B)-P(A \cap B) \\ &= \frac{166}{1000}+\frac{125}{1000}-\frac{41}{1000}=\frac{250}{1000}=\frac{1}{4} \end{aligned}$$

□

2.4 条件付き確率

ある事象 A が起こるという条件の下で、事象 B が起こる確率を、B の **条件付き確率** といい、$P(B|A)$ で表す。ただし、$P(A) \neq 0$ の場合のみを考える。

このとき、次が成立する。

定理 36 (条件付き確率)

$$\mathrm{P(B|A)} = \frac{\mathrm{P(A \cap B)}}{\mathrm{P(A)}} \tag{2.8}$$

証明　標本空間の根本事象を $\mathrm{K}_1, \ldots, \mathrm{K}_n$ とし、そのうち、事象 A の根本事象となっているのが a 個、事象 B の根本事象となっているのが b 個、事象 A∩B の根本事象となっているのが k 個であるとする。

このとき、事象 A が起こるという条件は、A の根本事象の a 個のうちの 1 つが起こることになる。この条件の下で事象 B が起こるということは、事象 A∩B の根本事象の k 個のうちの 1 つが起こることだから、

$$\mathrm{P(B|A)} = \frac{k}{a} = \frac{k/n}{a/n} = \frac{\mathrm{P(A \cap B)}}{\mathrm{P(A)}}$$

が成立することがわかる。 □

例題 2.7

あるクラスで、試験の結果が 90 点以上の割合が、英語で 20 %、数学で 25 %であり、英語と数学の両方とも 90 点以上取った学生は 10 %であった。いま、クラスの学生を 1 人選んだら数学で 90 点以上を取っていた。このとき、この学生が英語でも 90 点以上取っている確率 P を求めなさい。

解答　クラスの学生を 1 人選んだとき、英語で 90 点以上取った学生を選ぶ事象を A, 数学で 90 点以上取った学生を選ぶ事象を B とすると、条件より、

$$\mathrm{P(A)} = 0.2, \quad \mathrm{P(B)} = 0.25, \quad \mathrm{P(A \cap B)} = 0.1$$

である。このとき、数学で 90 点以上を取っていた学生が、英語でも 90 点以上取っている確率 P は、事象 B が起こるという条件の下での事象 A の条件付き確率と考えられるので、(2.8) より

$$\mathrm{P} = \mathrm{P(A|B)} = \frac{\mathrm{P(A \cap B)}}{\mathrm{P(B)}} = \frac{0.1}{0.25} = 0.4$$

すなわち、 P = 40 % □

定理 36 より、確率の乗法定理が得られる。

定理 37 (確率の乗法定理)
任意の 2 つの事象 A, B に対して

$$P(A \cap B) = P(A)\,P(B|A) = P(B)\,P(A|B) \tag{2.9}$$

が成立する。

※ この定理は、条件付き確率 P(B|A), P(A|B) が求まれば、(2.9) を利用して P(A∩B) が求められることを意味している。

定義 38 (事象の独立性)
事象 A, B が **独立** であるとは、

$$P(B|A) = P(B|{}^{C}A) \tag{2.10}$$

が成立することである。

※ (2.10) は、
事象 B の条件付き確率で、事象 A が起こる条件と A が起こらない条件のどちらでも確率は同じということである。
事象の独立性については、定理 37 より、次の定理が得られる。

定理 39
任意の 2 つの事象 A, B に対して、次は同値である。

(1) 事象 A, B は独立である。

(2) $P(B|A) = P(B|{}^{C}A) = P(B)$ が成立する。

(3) $P(A|B) = P(A|{}^{C}B) = P(A)$ が成立する。

(4) $P(A \cap B) = P(A)\,P(B)$ が成立する。 **(独立事象の乗法定理)**

証明　(1) $\iff$ (2)

定義 38 より $P(B|A) = P(B|{}^{c}A)$ が成立する。

このとき、$B = (A\cap B)\cup({}^{c}A\cap B)$ だから

$$
\begin{aligned}
P(B) &= P(A\cap B)+P({}^{c}A\cap B) = P(A)\,P(B|A)+P({}^{c}A)\,P(B|{}^{c}A) \\
&= P(A)\,P(B|A)+P({}^{c}A)\,P(B|A) \\
&= \{P(A)+P({}^{c}A)\}\,P(B|A) = P(B|A)
\end{aligned}
$$

(2) $\Longrightarrow$ (4)

(2) 及び定理 36 より $P(A\cap B) = P(A)\,P(B|A) = P(A)\,P(B)$

(4) $\Longrightarrow$ (2)

(4) 及び定理 36 より $P(B) = \dfrac{P(A\cap B)}{P(A)} = P(B|A)$

また、$P(B) = P(A\cap B)+P({}^{c}A\cap B)$ より

$$
\begin{aligned}
P({}^{c}A\cap B) &= P(B)-P(A\cap B) = P(B)-P(A)\,P(B) = \{1-P(A)\}\,P(B) \\
&= P({}^{c}A)\,P(B)
\end{aligned}
$$

(4) $\Longrightarrow$ (3)

(4) 及び定理 36 より $P(A) = \dfrac{P(A\cap B)}{P(B)} = P(A|B)$

また、$P(A) = P(A\cap B)+P(A\cap {}^{c}B)$ より

$$
\begin{aligned}
P(A\cap {}^{c}B) &= P(A)-P(A\cap B) = P(A)-P(A)\,P(B) = P(A)\,\{1-P(B)\} \\
&= P(A)\,P({}^{c}B)
\end{aligned}
$$

(3) $\Longrightarrow$ (4)

(3) 及び定理 36 より $P(A\cap B) = P(A|B)\,P(B) = P(A)\,P(B)$ □

※定理 39 (2) からわかるように、事象の独立を表す式 (2.10) は、事象 A が起きようが起きまいが、事象 B の確率が変わらないことをことを表している。つまり、事象の独立とは、その言葉の意味の通り、事象同士が互いに影響を与えないと考えてよい。

定理 40

2 つの事象 A, B が独立ならば、${}^{c}A$ と B、A と ${}^{c}B$、${}^{c}A$ と ${}^{c}B$ も独立である。

証明 事象 A, B は独立であることは、定理 39 より、

$$P(A \cap B) = P(A)\,P(B) \tag{2.11}$$

が成立することと同値である。つまり、${}^{C}A$ と B が独立であることを示すには、

$$P({}^{C}A \cap B) = P({}^{C}A)\,P(B) \tag{2.12}$$

が成立することを示せばよい。式 (2.11) と $P(B) = P(A \cap B) + P({}^{C}A \cap B)$ より

$$\begin{aligned} P({}^{C}A \cap B) &= P(B) - P(A \cap B) = P(B) - P(A)\,P(B) \\ &= \{1 - P(A)\}\,P(B) = P({}^{C}A)\,P(B) \end{aligned}$$

同様に、

$$\begin{aligned} P(A \cap {}^{C}B) &= P(A) - P(A \cap B) = P(A) - P(A)\,P(B) \\ &= \{1 - P(A)\}\,P(B) = P({}^{C}A)\,P(B), \\ P({}^{C}A \cap {}^{C}B) &= P({}^{C}A) - P({}^{C}A \cap B) = P({}^{C}A) - P({}^{C}A)\,P(B) \\ &= P({}^{C}A)\,\{1 - P(B)\} = P({}^{C}A)\,P({}^{C}B) \end{aligned}$$

□

例題 2.8

1 個のサイコロを 1 回投げるとき、奇数の目が出る事象を A, 3 の目が出る事象を B とする。また、1 枚のコインを投げるとき、表が出る事象を C とする。次の確率を求めなさい。

(1) P(A)　(2) P(B)　(3) P(C)

(4) 1 個のサイコロを 1 回投げたら奇数の目が出た。このとき、その目が 3 である確率 P_1

(5) コインとサイコロを同時に投げるとき、コインの表とサイコロの 3 の目が出る確率 P_2

解答

(1) サイコロの目は 6 通りで、奇数の目は 3 通りだから、$P(A) = \dfrac{3}{6} = \dfrac{1}{2}$

(2) サイコロの目は 6 通りで、3 の目は 1 通りだから、$P(B) = \dfrac{1}{6}$

(3) コインは表裏の 2 通りで、表は 1 通りだから、$\mathrm{P(C)} = \dfrac{1}{2}$

(4) 確率 $\mathrm{P_1}$ は、サイコロの目が奇数という条件付きで、その目が 3 である確率だから

$$\mathrm{P_1} = \mathrm{P(B|A)} = \frac{\mathrm{P(A \cap B)}}{\mathrm{P(A)}} = \frac{\frac{1}{6}}{\frac{1}{2}} = \frac{1}{3}$$

(5) 標本空間は、下記のように (コイン, サイコロ) のペアで表される。

{ (表, 1), (表, 2), (表, 3), (表, 4), (表, 5), (表, 6),
(裏, 1), (裏, 2), (裏, 3), (裏, 4), (裏, 5), (裏, 6)}

標本空間は、上記より 12 通りで、コインの表とサイコロの 3 の目の組は 1 通りだから、求める確率 $\mathrm{P_2}$ は, $\mathrm{P_2} = \dfrac{1}{12}$

□

※ 例題 2.8 において、事象の独立性を考えてみよう。各確率は、(1) $\mathrm{P(A)} = \dfrac{1}{2}$, (2) $\mathrm{P(B)} = \dfrac{1}{6}$, (3) $\mathrm{P(C)} = \dfrac{1}{2}$, (4) $\mathrm{P(B|A)} = \dfrac{1}{3}$, (5) $\mathrm{P(C \cap B)} = \dfrac{1}{12}$ と表せる。このとき、(2), (4) より、

$$\mathrm{P(B|A)} = \frac{1}{3} \neq \frac{1}{6} = \mathrm{P(B)}$$

だから、事象 A, B は独立ではないことがわかる。

一方、(3), (5) より、

$$\mathrm{P(B|C)} = \frac{\mathrm{P(C \cap B)}}{\mathrm{P(C)}} = \frac{\frac{1}{12}}{\frac{1}{2}} = \frac{1}{6} = \mathrm{P(B)}$$

だから、事象 A, B は独立である。このとき、独立事象の乗法定理 39 (4) より、

$$\mathrm{P(B \cap C)} = \mathrm{P(B)\,P(C)} = \frac{1}{6} \times \frac{1}{2} = \frac{1}{12} = \mathrm{P_2}$$

と計算することができる。つまり、独立事象の場合は、積によりその確率を求めることができるのである。

2.5 Bayes（ベイズ）の定理

条件付き確率の応用として、Bayes（ベイズ）の定理が知られている。

定理 41 (Bayes（ベイズ）の定理)
n 個の事象 $A_1, \ldots, A_n$ が互いに排反で、その和集合が標本空間 S であるとする。このとき事象 B に対して、$P(B) \neq 0$ のとき

$$P(A_k|B) = \frac{P(A_k \cap B)}{P(B)} = \frac{P(A_k)\,P(B|A_k)}{\displaystyle\sum_{j=1}^{n} P(A_j \cap B)} = \frac{P(A_k)\,P(B|A_k)}{\displaystyle\sum_{j=1}^{n} P(A_j)\,P(B|A_j)} \tag{2.13}$$

が成立する。

※ 式 (2.13) は、Bayes（ベイズ）の公式と呼ばれている。

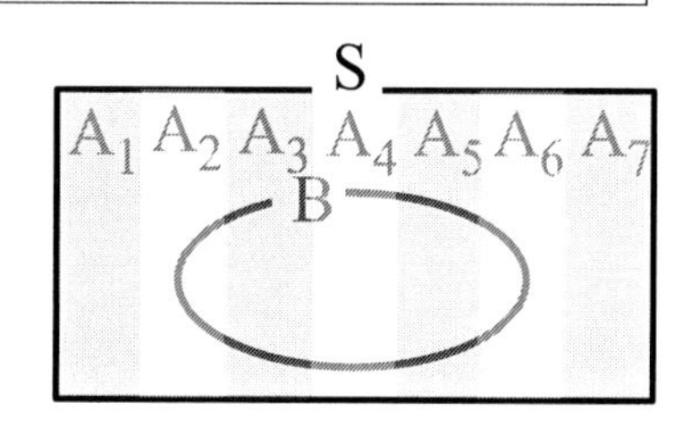

証明　n 個の事象 $A_1, \ldots, A_n$ が互いに排反で、その和集合が標本空間 S であるので、（右図は、簡単のため $n = 7$ の場合）

$$S = A_1 \cup A_2 \cup \cdots A_n, \quad A_j \cap A_k = \emptyset,\ j \neq k$$

が成立する。これより、

$$B = S \cap B = (A_1 \cap B) \cup \cdots \cup (A_n \cap B), \qquad (A_j \cap B) \cap (A_k \cap B) = \emptyset,\ j \neq k$$

が得られる。したがって、確率の公理 33(3)，定理 36, 37 より、

$$P(A_k|B) = \frac{P(A_k \cap B)}{P(B)} = \frac{P(A_k)\,P(B|A_k)}{\displaystyle\sum_{j=1}^{n} P(A_j \cap B)} = \frac{P(A_k)\,P(B|A_k)}{\displaystyle\sum_{j=1}^{n} P(A_j)\,P(B|A_j)}$$

が得られる。 □

※ 事象 B が 起きた原因が A_k であるかどうかの確率は、B の条件のもと A_k の条件付き確率 と考えることと同じという考えで、$A_1, \ldots, A_n$ が **原因**、

$P(A_k|B)$ が **原因の確率** と呼ばれる。このことから、原因の確率を求めるときに、Bayes(ベイズ)の定理が適用されることが多い。

例題 2.9

第1の箱には ハズレくじ3枚だけが入っており、第2の箱には 1枚のハズレくじと1枚の当たりくじの合計2枚が入っている。今、無作為に箱を1つ選び、その箱からくじを1枚取り出したらハズレだった。このとき、そのハズレくじが第1の箱に入っていたくじである確率 P を求めなさい。

解答　第1の箱を選び、ハズレくじを引く確率 P_1、第2の箱を選び、ハズレくじを引く確率 P_2 は、それぞれ

$$P_1 = \frac{1}{2} \times \frac{3}{3} = \frac{1}{2}, \quad P_2 = \frac{1}{2} \times \frac{1}{2} = \frac{1}{4}$$

だから、ハズレくじを引く確率は、$P_1 + P_2 = \frac{3}{4}$ である。

したがって、求める確率 P は、ハズレくじを引いたという条件で、それが第1の箱に入っていたハズレくじであるという条件付き確率だから、

$$P = \frac{P_1}{\frac{3}{4}} = \frac{\frac{1}{2}}{\frac{3}{4}} = \frac{2}{3}$$

□

例題 2.10

製造企業と消費者の関係を示す調査の結果によれば、消費者から「製品の改良や新機能の要望」を受けた経験があると答えた企業は、全体の 80 %で、そのうち、要望を受けて製品の内容が当初とは「変わった」と影響を認めた企業は 70 %であった。他方で、要望がなくても、40 %の確率で、製品の内容が当初とは変わるという事実も分かった。さて、今、ある製品の内容が、当初の内容から変わった。それが消費者の要望のためだと思われる確率 P(%) を求めなさい。

解答 条件より、ある製品の内容に要望があり、そして変更されるのは、

$$0.8 \times 0.7 = 0.56$$

要望が無くても変更されるのは

$$0.2 \times 0.4 = 0.08$$

したがって、求める確率 P は、Bayes（ベイズ）の定理より

$$\mathrm{P} = \frac{0.56}{0.56 + 0.08} = \frac{0.56}{0.64} = 0.875 \quad \text{よって、} \mathrm{P} = 87.5\ \%$$

□

第3章　確率変数と確率分布

この章では、確率空間について述べる。

確率空間は、確率の定義で述べた標本空間、事象、事象の確率により構成されると考えてよい。確率は、ある事象に対し数値を対応させること、すなわち、確率を関数として考えると、事象は変数と考えられ、対応する数値の散らばりが確率分布である。

3.1　確率変数

1 個のさいころを 1 回投げたとき、出る目の数を X とすると、X は $\{1, 2, 3, 4, 5, 6\}$ のどれかの値をとるので、X は変数である。ただ、X がどの値を取るのかというのは、確率が付随する。この場合、（さいころが数学的理想状態であれば、）さいころの出る目は同様に確からしいと考えられるので、$\{1, 2, 3, 4, 5, 6\}$ のどの値を取る確率は、すべて $\dfrac{1}{6}$ である。

このように、X は変数だが、関数の変数と少し違って、各 X に対して確率の値が与えられている変数を**確率変数** と呼ぶ。一般に、変数 X が様々な値 x_k $(k = 1, 2, \ldots)$ をとり、その値 x_k により確率 p_k が定まるとき、この変数 X が確率変数である。

例 28 「大小 2 個のさいころを同時に 1 回投げる」という試行について、確率変数としては、いくつも考えられる。例えば、

2 個の目の和、

大きいさいころの目から小さいさいころの目を引いた差

など、これらは変化する数値であり、それぞれの数値に確率が与えられるので、確率変数である。

確率（Probability）を表す記号として、次のような記号が使われる。

$\mathrm{P}(X = x_k)$ ： X が x_k をとる確率

$\mathrm{P}(X < x_k)$ ： X が x_k より小さい値をとる確率

その他、$\mathrm{P}(X \leqq x_k)$, $\mathrm{P}(X > x_k)$, $\mathrm{P}(x_j \leqq X < x_k)$ なども同様な意味で使われる。

さて、1 個のさいころを 1 回投げたとき、出る目の数を X とし、3 の目が出る事象を A とする。このとき、事象 A を確率変数 X を用いて、「$X = 3$」と表せる。このように、確率変数 X についての事象 A に対して、X を用いて記述することができる。そうすると、この場合は、次のように記号で表現できる：

$$3\text{ の目が出る確率は } \frac{1}{6} \quad \Longleftrightarrow \quad \mathrm{P}(\mathrm{A}) = \mathrm{P}(X = 3) = \frac{1}{6}$$

例題 3.1

大小 2 個のさいころを同時に 1 回投げるとき、2 個のさいころの目の和を X とする。このとき、次の値を求めなさい。

(1) $\mathrm{P}(X = 9)$　　(2) $\mathrm{P}(3 \leqq X < 7)$

解答　大小 2 個のさいころを投げるときの場合の出る目の組の総数は、

$$6 \times 6 = 36\text{ 通り}$$

(1) 2 個のさいころの目の和が 9 になる確率を求めればよい。この場合の大小の目の組は、(3,6), (4,5), (5,4), (6,3) の 4 通りだから

$$\mathrm{P}(X = 9) = \frac{4}{36} = \frac{1}{9}$$

(2) 2 個のさいころの目の和が 3, 4, 5, 6 になる確率を求めればよい。(1) と同様に考えて、3 の場合の大小の目の組は 2 通り、4 の場合の大小の目の組は 3 通り、5 の場合の大小の目の組は 4 通り、6 の場合の大小の目の組は 5 通りであり、互いに排反だから

$$\mathrm{P}(3 \leqq X < 7) = \frac{2+3+4+5}{36} = \frac{7}{18}$$

□

3.2　確率分布

確率変数 X についての事象 A は、X を用いて表され、確率は、事象 A に対し数値 P(A) を対応させることである。そこで、事象 A に対して P(A) を対応させる対応規則が必要である。この対応規則を**確率分布** と呼ぶ。このとき、 **確率変数 X はこの確率分布に従う**または **確率変数 X の確率分布はこの確率分布である** などと表現する。

上記で述べたように、確率分布は対応規則なので、その表現方法はいろいろ考えられる。次の例で代表的な表現を見てみよう。

例 29 大小 2 個のさいころを同時に 1 回投げるとき、5 の目が出たさいころの個数を X とする。このとき、5 の目が出る確率は $\dfrac{1}{6}$、5 以外の目が出る確率は $\dfrac{5}{6}$ である。X は $\{\,0, 1, 2\,\}$ のどれかであるから、確率は次のようになる：

$$X=0 \text{ のときの確率 } \mathrm{P}(X=0)=\frac{5}{6}\times\frac{5}{6}={}_2\mathrm{C}_0\left(\frac{1}{6}\right)^0\left(\frac{5}{6}\right)^2$$

$$\begin{aligned}X=1 \text{ のときの確率 } \mathrm{P}(X=1)&=\frac{1}{6}\times\frac{5}{6}+\frac{5}{6}\times\frac{1}{6}=2\frac{1}{6}\times\frac{5}{6}\\&={}_2\mathrm{C}_1\left(\frac{1}{6}\right)^1\left(\frac{5}{6}\right)^1\end{aligned}$$

$$X=2 \text{ のときの確率 } \mathrm{P}(X=2)=\frac{1}{6}\times\frac{1}{6}={}_2\mathrm{C}_2\left(\frac{1}{6}\right)^2\left(\frac{5}{6}\right)^0$$

つまり、これらが対応規則である。少しまとめて表現してみよう。

(1) すべてを記述： $\mathrm{P}(X=0)=\dfrac{25}{36}, \mathrm{P}(X=1)=\dfrac{10}{36}, \mathrm{P}(X=2)=\dfrac{1}{36}$

(2) まとめて記述： $\mathrm{P}(X=k)={}_2\mathrm{C}_k\left(\dfrac{1}{6}\right)^k\left(\dfrac{5}{6}\right)^{2-k}, k=0,1,2$

※ このような確率分布の表現 $\mathrm{P}(X=x_k)=p_k$ (x_k は標本空間の要素) は、 **確率関数** または **確率分布関数** と呼ばれる。

(3) 表で記述：

X	0	1	2	計
P	$\frac{25}{36}$	$\frac{10}{36}$	$\frac{1}{36}$	1

※ **確率分布表** と呼ばれる。

上記 (1)〜(3) のどれでも、5 の目が出たさいころの個数とその確率の対応が明らかにされているので、X の確率分布として適切な表現である。

3.3 離散型確率分布

3.3.1 離散型確率変数

確率変数 X のとる値が、さいころの目のようにとびとびの値をとるとき離散型という。離散型確率変数の確率分布が、離散型確率分布である。一方で、長さや重さのように連続な値をとる確率変数は連続型と呼ばれるが、ここでは離散型の場合を述べよう。

例 29 で紹介したように、離散型確率分布は確率分布表や確率関数で表されるので、一般に、次のように表せる。このとき、$x_j \neq x_k$ $(j \neq k)$ であると、事象 $X = x_j$ と $X = x_k$ は互いに排反である。

● 確率分布表

X	x_1	x_2	x_3	$\cdots$	計
P	p_1	p_2	p_3	$\cdots$	1

● 確率分布関数　$\mathrm{P}(X = x_k) = p_k$ $(\ k = 1, 2, 3, \dots\ )$

※ すべての確率の和は 1 であるので、$\displaystyle\sum_k p_k = 1$ である。

3.3.2 離散型確率変数の期待値

確率変数 X の確率分布は、X の確率的な散らばりを表している。確率分布に関して、その特性の考察ために数値化する。そうすると、他の分布とも比較することもできる。

定義 42 (離散型確率変数の期待値・平均・平均値)
離散型確率変数 X の確率分布が $\mathrm{P}(X = x_k) = p_k$ ($k = 1, 2, 3, \ldots, n$) であるとき、X の **期待値 (Expected value)** を $E[X]$, または μ で表し、次のように定義する。

$$\mu = E[X] = \sum_{k=1}^{n} x_k p_k = x_1 p_1 + \cdots + x_n p_n \tag{3.1}$$

※ 期待値は、 **平均または平均値 (mean)** とも呼ばれる。

例題 3.2

1 個のさいころを 1 回投げるとき、さいころの出る目を X とする。

(1) X の確率分布を確率分布関数で表しなさい。

(2) X の期待値 $E[X]$ を求めなさい。

解答

(1) さいころのどの目の出る確率も同様に確からしいので、すべて同じ $\frac{1}{6}$ である。これを確率分布関数で表せば

$$\mathrm{P}(X = k) = \frac{1}{6}, \quad k = 1, 2, 3, 4, 5, 6$$

(2) (3.1) より

$$\begin{aligned} E[X] &= 1 \times \frac{1}{6} + 2 \times \frac{1}{6} + 3 \times \frac{1}{6} + 4 \times \frac{1}{6} + 5 \times \frac{1}{6} + 6 \times \frac{1}{6} \\ &= \frac{7}{2} (= 3.5) \end{aligned}$$

※ この確率分布では、(さいころを 1 回投げるときの出る目として) 3.5 が期待されるということである。

□

例題 3.2 の期待値を考察してみよう。

$$
\begin{aligned}
E[X] &= 1 \times \frac{1}{6} + 2 \times \frac{1}{6} + 3 \times \frac{1}{6} + 4 \times \frac{1}{6} + 5 \times \frac{1}{6} + 6 \times \frac{1}{6} \\
&= \frac{1+2+3+4+5+6}{6}
\end{aligned}
$$

これは、さいころの出る目の和 1+2+3+4+5+6 を出る目の個数 6 で割った商であることがわかる。つまり期待値は、さいころの出る目をデータの値と考えたとき、119 ページの平均値の定義 65 と同値な定義と考えられる。このことから、確率変数の期待値は平均（値）とも呼ばれるのである。

確率変数 X の関数 $\varphi(X)$ に対し、$Y = \varphi(X)$ とおくと、変数 Y も確率が与えられることになる。つまり、Y も確率変数である。この確率変数 Y の期待値を定義しよう。

定義 43
離散型確率変数 X の確率分布が $\mathrm{P}(X = x_k) = p_k$ ($k = 1, 2, 3, \ldots, n$) であるとき、X の関数で表される確率変数 $Y = \varphi(X)$ の期待値 を次のように定義する。

$$
E[Y] = E[\varphi(X)] = \sum_{k=1}^{n} \varphi(x_k) p_k \tag{3.2}
$$

3.3.3 離散型確率変数の分散・標準偏差

確率変数 X の確率分布の散らばりの程度を数値化、すなわち散らばりを表す指標を求めるために、どのようにすればいいのだろう？散らばりが大きいと大きい値、小さいときは小さい値で表したいと考えるのが自然であるが、そもそも散らばりが大きい・小さいとは、どのような状況だろう？

確率分布 $\mathrm{P}(X = x_k) = p_k$ ($k = 1, 2, 3, \ldots$) の散らばりが小さいというのは、数値が密集していると考えられるが、密集する値の目安が必要である。その目安に、X の期待値、すなわち平均値 $\mu = E[X]$ が考えられる。つまり、平均値の近くに密集していれば、散らばりは小さいというわけである。

そこで、平均値からの差を計算することになる。X のとる値からその平均値を引いた差を **偏差** という。偏差を式で表すと

$$\text{偏差：}\quad x_k - \mu, \quad k = 1, 2, \ldots, n$$

である。この式から

x_k が平均値 μ より大きい値のとき、偏差は正の値
x_k が平均値 μ より小さい値のとき、偏差は負の値

となることがわかる。すべての x_k に対し、この偏差の和 $\displaystyle\sum_{k=1}^{n}(x_k - \mu)$ を計算すると、散らばりの程度を表す数値として活用することができるかもしれない。ただ、和は、個数 n の影響を受けてしまい、他の分布と比較する場合に活用することは適切とは言えない。そこで、平均値は個数 n の影響を受けないので、偏差の和ではなく、偏差の平均値を散らばりの程度を表す指標として採用すればよいのではないだろうか？

$Y = X - \mu$ とおくと、Y は X の偏差を表す確率変数であり、定義 43 より Y の平均値を計算することができる。しかしながら、偏差の平均値については、次の定理が成立することに注意しなければならない。

定理 44 (偏差の平均値)
どの分布においても、 **偏差の平均値は 0** である。すなわち、
確率分布 $\mathrm{P}(X = x_k) = p_k$ ($k = 1, 2, 3, \ldots$) の平均値を μ とすると、

$$E[X - \mu] = \sum_{k=1}^{n}(x_k - \mu)p_k = (x_1 - \mu)p_1 + \cdots + (x_n - \mu)p_n = 0$$

が成立する。

証明　μ は確率分布 $\mathrm{P}(X = x_k) = p_k$ ($k = 1, 2, 3, \ldots$) の平均値だから

$$\sum_{k=1}^{n} x_k p_k = \mu$$

また、すべての確率の和は 1 だから、

$$\sum_{k=1}^{n} p_k = 1$$

したがって、

$$\begin{aligned} E[X-\mu] &= \sum_{k=1}^{n}(x_k-\mu)p_k = \sum_{k=1}^{n}(x_k p_k - \mu p_k) \\ &= \sum_{k=1}^{n} x_k p_k - \mu \sum_{k=1}^{n} p_k = \mu - \mu = 0 \end{aligned}$$

□

上記の定理 44 により、偏差の平均値は常に 0 になるので、散らばりの程度を表す数値ではないことがわかった。それでも偏差は平均値からの差だから、散らばりの程度、つまり、平均値の近くに密集していれば、散らばりは小さいという指標に利用できそうである。では、どのように利用すればよいだろう？

偏差は、正の数値と負の数値が混在しているので、定理 44 のように、そのまま全部を使って計算すると、0 になってしまう。そこで、偏差を正の数になるように加工しよう。実数は 2 乗すれば 0 以上の数になるので、これを利用して次の分散を定義する。

定義 45 (離散型確率変数の分散)
離散型確率変数 X の確率分布が $\mathrm{P}(X=x_k)=p_k$ ($k=1,2,3,\ldots,n$) であり、X の期待値が μ であるとき、X の **分散 (Variance)** を $V[X]$ で表し、次のように定義する。

$$V[X] = \sum_{k=1}^{n}(x_k-\mu)^2 p_k = (x_1-\mu)^2 p_1 + \cdots + (x_n-\mu)^2 p_n \tag{3.3}$$

※ (3.1), (3.3) より、$V[X] = E[(X-\mu)^2]$ と表せる。

分散は、X の確率的な散らばりを表す 1 つの指標として意味があることは上述の通りである。ただ、現実的に応用する場合、単位を考慮する必要がある。

例えば、無作為に選んだ人の年齢を X とすると、X は確率変数である。このときの標本空間の単位は“歳”であり、平均値 μ の単位も“歳”である。したがって、$X-\mu$ の単位は“歳”である。そうすると、$(X-\mu)^2$ の単位は“歳^2”となってしまう。これでは、元の標本空間の単位と一致しないし、そもそも単位“歳^2”の解釈が難しい。

そこで、分散の正の平方根であれば、その単位は標本空間の単位と一致することを利用して、次の標準偏差を定義する。

定義 46 (離散型確率変数の標準偏差)
離散型確率変数 X の確率分布が $\mathrm{P}(X=x_k)=p_k$ ($k=1,2,3,\ldots,n$) であり、X の期待値が μ であるとき、X の **標準偏差 (Standard deviation)** を $\sigma[X]$, または σ で表し、次のように定義する。

$$\sigma=\sigma[X]=\sqrt{V[X]}=\sqrt{\sum_{k=1}^{n}(x_k-\mu)^2 p_k} \tag{3.4}$$

※ 標準偏差は、分散の正の平方根だから、$\sigma^2=V[X]$ である。

標準偏差 σ は、X と同じ単位で、確率的な散らばりを表す１つの指標である。標準偏差の示す散らばり度について、いろいろな確率分布があるので一概には言えないが、大まかな散らばりの程度として

$$\mathrm{P}(\mu-\sigma<X<\mu+\sigma)\fallingdotseq\frac{2}{3}$$

であることが知られている。すなわち、平均値から±標準偏差の範囲が全体のおおよそ $\dfrac{2}{3}$ を占めるということである。これにより、標準偏差を求めれば、全体のおおよそ $\dfrac{2}{3}$ が含まれる範囲を知ることができるのである。

3.3.4　期待値・分散・標準偏差の性質

a, b を定数、$\varphi(x)$ を x の関数とするとき、確率変数 $Y=a\varphi(X)+b$ の期待値、分散、標準偏差については、次の定理が成立する。

定理 47
a, b を定数、$\varphi(x)$ を x の関数とするとき、
　確率分布 $\mathrm{P}(X=\varphi(x_k))=p_k$ ($k=1,2,3,\ldots,n$) に対し、次が成立する。

(1) $E[a\varphi(X)+b]=aE[\varphi(X)]+b$, 特に $E[aX+b]=aE[X]+b$

(2) $V[a\varphi(X)+b]=a^2V[\varphi(X)]$, 特に $V[aX+b]=a^2V[X]$

(3) $V[a\varphi(X)+b]=a^2E[\varphi(X)^2]-(aE[\varphi(X)])^2$,
特に $V[X]=E[X^2]-E[X]^2$

(4) $\sigma[a\varphi(X)+b]=|a|\sigma[\varphi(X)]$, 特に $\sigma[aX+b]=|a|\sigma[X]$

証明　$E[\varphi(X)]$ は確率分布 $\mathrm{P}(X=\varphi(x_k))=p_k$ ($k=1,2,3,\ldots,n$) の平均値だから

$$\sum_{k=1}^{n}\varphi(x_k)p_k=E[\varphi(X)]$$

また、すべての確率の和は 1 だから、

$$\sum_{k=1}^{n}p_k=1$$

(1) 定義 43より

$$\begin{aligned}E[a\varphi(X)+b]&=\sum_{k=1}^{n}(a\varphi(x_k)+b)p_k\\&=\sum_{k=1}^{n}(a\varphi(x_k)p_k+bp_k)\\&=a\sum_{k=1}^{n}\varphi(x_k)p_k+b\sum_{k=1}^{n}p_k\\&=aE[\varphi(X)]+b\end{aligned}$$

(2) $\mu_Y = E[a\varphi(X)+b]$, $\mu_\varphi = E[\varphi(X)]$ とすると、分散の定義 45 より

$$
\begin{aligned}
V[a\varphi(X)+b] &= \sum_{k=1}^{n}(a\varphi(X)+b-\mu_Y)^2 p_k \\
&= \sum_{k=1}^{n}\{a\varphi(X)+b-(aE[\varphi(X)]+b)\}^2 p_k \\
&= \sum_{k=1}^{n} a^2(\varphi(X)-\mu_\varphi)^2 p_k = a^2 V[\varphi(X)]
\end{aligned}
$$

(3) (1), (2) より

$$
\begin{aligned}
V[a\varphi(X)+b] &= a^2 V[\varphi(X)] = a^2 E[(\varphi(X)-\mu_\varphi)^2] \\
&= a^2 E[\varphi(X)^2 - 2\varphi(X)\mu_\varphi + \mu_\varphi^2] \\
&= a^2\{E[\varphi(X)^2] - 2\mu_\varphi E[\varphi(X)] + \mu_\varphi^2\} \\
&= a^2\{E[\varphi(X)^2] - 2E[\varphi(X)] \times E[\varphi(X)] + E[\varphi(X)]^2\} \\
&= a^2\{E[\varphi(X)^2] - E[\varphi(X)]^2\}
\end{aligned}
$$

(4) (2) と定義 46 より

$$
\sigma[a\varphi(X)+b] = \sqrt{V[a\varphi(X)+b]} = \sqrt{a^2 V[\varphi(X)]} = |a|\sigma[\varphi(X)]
$$

□

例題 3.3

X の確率分布表から、次の値を求めなさい。

X	0	2	4	6	8	計
P	$\frac{1}{12}$	$\frac{1}{6}$	$\frac{1}{4}$	β	$\frac{1}{3}$	α

(1) α　　(2) β　　(3) $\mathrm{P}(X \neq 2)$　　(4) $\mathrm{P}(0 < X \leqq 4)$

(5) $E[X]$　　(6) $V[X]$　　(7) $\sigma[X]$

(8) $Y = -2X + 7$ とするとき、$E[Y]$ と $V[Y]$

解答

(1) すべての確率の合計だから $\alpha = 1$

(2) $\beta = 1 - \left(\frac{1}{12} + \frac{1}{6} + \frac{1}{4} + \frac{1}{3}\right) = \frac{1}{6}$

(3) $\mathrm{P}(X \neq 4) = 1 - \frac{1}{4} = \frac{3}{4}$

(4) 確率分布表より

$$\mathrm{P}(0 < X \leqq 4) = \mathrm{P}(X = 2) + \mathrm{P}(X = 4) = \frac{1}{6} + \frac{1}{4} = \frac{5}{12}$$

(5) $E[X] = 0 \times \frac{1}{12} + 2 \times \frac{1}{6} + 4 \times \frac{1}{4} + 6 \times \frac{1}{6} + 8 \times \frac{1}{3} = \frac{60}{12} = 5$

(6) (5) より $\mu = E[X] = 5$ だから

$$\begin{aligned} V[X] &= \sum_{k=1}^{n} (x_k - \mu)^2 p_k \\ &= (0-5)^2 \times \frac{1}{12} + (2-5)^2 \times \frac{1}{6} + (4-5)^2 \times \frac{1}{4} \\ &\qquad + (6-5)^2 \times \frac{1}{6} + (8-5)^2 \times \frac{1}{3} \\ &= \frac{84}{12} = 7 \end{aligned}$$

※【別解】　定理 47 (3) を適用して求める。

$$\begin{aligned} E[X^2] &= 0^2 \times \frac{1}{12} + 2^2 \times \frac{1}{6} + 4^2 \times \frac{1}{4} + 6^2 \times \frac{1}{6} + 8^2 \times \frac{1}{3} \\ &= \frac{384}{12} = 32 \end{aligned}$$

だから、(5) と定理 47 より

$$V[X] - E[X^2] - E[X]^2 - 32 - 5^2 - 7$$

(7) (6) より　$\sigma[X] = \sqrt{V[X]} = \sqrt{7}$

(8) 定理 47 (1),(2) より

$$E[Y] = E[-2X + 7] = -2E[X] + 3 = -2 \times 5 + 7 = -3,$$

$$V[Y] = V[-2X + 7] = (-2)^2 V[X] = 4 \times 7 = 28$$

□

例題 3.4

期待値が 66 で、標準偏差が 5 である確率変数 X を、$Z = aX + b$ の変換を行ったら、Z の期待値が 50 で、Z の標準偏差が 10 となった。このとき、定数 a, b $(a > 0)$ を求めなさい。

解答　定理 47 を適用すれば、条件より

$$50 = E[Z] = E[aX + b] = aE[X] + b = 66a + b \tag{3.5}$$

$$10 = \sigma[Z] = \sigma[aX + b] = |a|\sigma[X] + b = 5a \tag{3.6}$$

が成立する。この連立方程式を解いて、$a = 2,\ b = -82$ □

3.3.5　二項分布（Binomial distribution）

実際の統計データを扱うときには、様々な確率分布が知られており、特別な名前が付けられている。二項分布は、その確率分布の１つである。

例えば、1個のさいころを5回投げるとき、2回だけ6の目が出る確率 P を求めてみよう。このとき、1回の試行では6の目が出るか"○"、出ないか"×"、**2通りだけ** を考えることになり、6の目が出る確率は $\frac{1}{6}$、出ない確率は $1 - \frac{1}{6} = \frac{5}{6}$ だから、5回の試行を考えて、下記のように表してみた。

	1	2	3	4	5	確率
5回のうち2回	○	○	×	×	×	$\frac{1}{6} \times \frac{1}{6} \times \frac{5}{6} \times \frac{5}{6} \times \frac{5}{6} = \left(\frac{1}{6}\right)^2 \left(\frac{5}{6}\right)^3$
	○	×	○	×	×	$\frac{1}{6} \times \frac{5}{6} \times \frac{1}{6} \times \frac{5}{6} \times \frac{5}{6} = \left(\frac{1}{6}\right)^2 \left(\frac{5}{6}\right)^3$
	○	×	×	○	×	$\frac{1}{6} \times \frac{5}{6} \times \frac{5}{6} \times \frac{1}{6} \times \frac{5}{6} = \left(\frac{1}{6}\right)^2 \left(\frac{5}{6}\right)^3$
	………					……………
	×	×	×	○	○	$\frac{5}{6} \times \frac{5}{6} \times \frac{5}{6} \times \frac{1}{6} \times \frac{1}{6} = \left(\frac{1}{6}\right)^2 \left(\frac{5}{6}\right)^3$

これより、5回の試行うち2回だけ6の目が出る確率は、どの場合でも同じ $\left(\frac{1}{6}\right)^2 \left(\frac{5}{6}\right)^3$ であることがわかる。さらに、5回の試行うち2回だけ

6 の目が出る場合の総数は、${}_5\mathrm{C}_2$ 通りであり、これらは互いに排反だから、求める確率 P は

$$\mathrm{P} = {}_5\mathrm{C}_2 \left(\frac{1}{6}\right)^2 \left(\frac{5}{6}\right)^3 = {}_5\mathrm{C}_2 \left(\frac{1}{6}\right)^2 \left(1 - \frac{1}{6}\right)^{5-2}$$

である。この場合、確率変数 X は、5 回の試行において 6 の目が出る回数であるから、

$$\mathrm{P}(X = 2) = {}_5\mathrm{C}_2 \left(\frac{1}{6}\right)^2 \left(1 - \frac{1}{6}\right)^{5-2}$$

と表せる。

では、5 回の試行うち 4 回だけ 6 の目が出る確率はどうだろう。これは、

$$\mathrm{P}(X = 4) = {}_5\mathrm{C}_4 \left(\frac{1}{6}\right)^4 \left(1 - \frac{1}{6}\right)^{5-4}$$

である。

以上のことから、1 個のさいころを 5 回投げるとき、 6 の目が出る回数 X の確率分布は、確率関数

$$\mathrm{P}(X = k) = {}_5\mathrm{C}_k \left(\frac{1}{6}\right)^k \left(1 - \frac{1}{6}\right)^{5-k}, \quad (k = 0, 1, 2, 3, 4, 5) \tag{3.7}$$

で表現される。式 (3.7) のような確率関数で表現される確率分布には、「二項分布」という特別な名前が付く。一般には、次のように定義される。

定義 48 (二項分布 (Binomial distribution))
離散型確率変数 X の確率分布が

$$\mathrm{P}(X = k) = {}_n\mathrm{C}_k \, p^k \, (1 - p)^{n-k}, \quad (k = 0, 1, 2, \ldots, n) \tag{3.8}$$

であるとき、この確率分布を **二項分布** といい、$B(n, p)$ で表す。この場合、X は二項分布 $B(n, p)$ に従うと表現される。

※ 1 回の試行で 2 種類の事象しか起こらない試行は、17 世紀のスイスの数学者 Bernoulli（ベルヌーイ）氏に因んで **Bernoulli（ベルヌーイ） 試行** と呼ばれている。

一般に、1 回の試行である事象 A が起こる確率が p のとき、n 回の試行のうち A が起こる回数 X の確率分布が二項分布 $B(n, p)$ である。1 回の試行で

A が起こるか、起こらないか、の 2 種類の事象だけであることに注意しよう。先ほどの例から、1 個のさいころを 5 回投げるとき、 6 の目が出る回数 X の確率分布は、二項分布 $B(5, \frac{1}{6})$ であることがわかる。

二項分布における期待値、分散、標準偏差については、次の定理が成立する。

定理 49 (二項分布における期待値、分散、標準偏差)
確率変数 X が二項分布 $B(n, p)$ に従うとき、次が成立する。

(1) $E[X] = np$,　(2) $V[X] = np(1-p)$,　(3) $\sigma[X] = \sqrt{np(1-p)}$

証明　$q = 1 - p$ とおくと、$p + q = 1$ である。また、二項分布の標本空間は $\{\ 0, 1, 2, \ldots, n\ \}$ であるから $x_k = k$ と表せる。そうして、5 ページの二項係数の性質の定理 1 と、5 ページの二項定理 2 を適用する。

(1) 期待値の定義 42 より

$$
\begin{aligned}
E[X] &= \sum_{k=0}^{n} x_k \, \mathrm{P}(X = x_k) = \sum_{k=0}^{n} k \, \mathrm{P}(X = k) \\
&= \sum_{k=1}^{n} k \, {}_n\mathrm{C}_k \, p^k q^{n-k} = \sum_{k=1}^{n} n \, {}_{n-1}\mathrm{C}_{k-1} \, p \, p^{k-1} q^{n-k} \\
&= np \sum_{j=0}^{n-1} {}_{n-1}\mathrm{C}_j \, p^j q^{(n-1)-j} \\
&= np(p+q)^{n-1} = np
\end{aligned}
$$

(2) (1) も適用して計算すると、

$$
\begin{aligned}
E[X^2] &= \sum_{k=0}^{n} k^2 \, \mathrm{P}(X = k) = \sum_{k=1}^{n} (k^2 - k + k) \, {}_n\mathrm{C}_k \, p^k q^{n-k} \\
&= \sum_{k=2}^{n} k(k-1) \, {}_n\mathrm{C}_k \, p^k q^{n-k} + \sum_{k=1}^{n} k \, {}_n\mathrm{C}_k \, p^k q^{n-k} \\
&= \sum_{k=2}^{n} n(k-1) \, {}_{n-1}\mathrm{C}_{k-1} \, p^k q^{n-k} + \sum_{k=0}^{n} k \, \mathrm{P}(X = k) \\
&= \sum_{k=2}^{n} n(n-1) \, {}_{n-2}\mathrm{C}_{k-2} \, p^2 \, p^{k-2} q^{n-k} + E[X]
\end{aligned}
$$

$$= n(n-1)p^2 \sum_{j=0}^{n-2} {}_{n-2}\mathrm{C}_j\, p^j q^{(n-2)-j} + np$$

$$= n(n-1)p^2(p+q)^{n-2} + np = n^2p^2 - np^2 + np$$

が得られる。よって、定理 47 より

$$V[X] = E[X^2] - E[X]^2 = (n^2p^2 - np^2 + np) - (np)^2 = np(1-p)$$

(3) (2) と定義 46 より $\sigma[X] = \sqrt{V[X]} = \sqrt{np(1-p)}$ □

例題 3.5

36 個のさいころを一斉に投げて、4 の目が出たさいころの個数を X とするとき、

(1) 確率変数 X の確率関数を求めなさい。

(2) X が従う確率分布を答えなさい。

(3) X の期待値 $E[X]$ を求めなさい。

(4) X の分散 $V[X]$ を求めなさい。

(5) X の標準偏差 $\sigma[X]$ を求めなさい。

解答

(1) X の確率関数は

$$\mathrm{P}(X=k) = {}_{36}\mathrm{C}_k \left(\frac{1}{6}\right)^k \left(\frac{5}{6}\right)^{36-k}, \qquad (k = 0, 1, 2, \ldots, 36)$$

(2) (1) より X が従う確率分布は、二項分布 $B(36, \dfrac{1}{6})$ である。

(3) 定理 49 (1) より、$E[X] = 36 \times \dfrac{1}{6} = 6$

(4) 定理 49 (2) より、$V[X] = 36 \times \dfrac{1}{6} \times \dfrac{5}{6} = 5$

(5) (4) より、$\sigma[X] = \sqrt{V[X]} = \sqrt{5}$

□

例題 3.6

ある陶器の工場では、作品を最終的に窯から出して製品にすると、ひび割れしていたりして不良品となる確率が 4 %であるという。この工場から無作為に選んだ 600 個の作品の中から、最終的に不良品となってしまう個数を X とするとき、

(1) 確率変数 X の確率関数を求めなさい。

(2) X が従う確率分布を答えなさい。

(3) X の期待値 $E[X]$ を求めなさい。

(4) X の分散 $V[X]$ を求めなさい。

(5) X の標準偏差 $\sigma[X]$ を求めなさい。

解答

(1) X の確率関数は

$$\mathrm{P}(X = k) = {}_{600}\mathrm{C}_k \ 0.04^k \ 0.96^{600-k}, \quad (k = 0, 1, 2, \ldots, 600)$$

(2) (1) より X が従う確率分布は、二項分布 $B(600, 0.04)$ である。

(3) 定理 49 (1) より、$E[X] = 600 \times 0.04 = 24$

(4) 定理 49 (2) より、$V[X] = 600 \times \dfrac{1}{25} \times \dfrac{24}{25} = \dfrac{24^2}{5^2} = 23.04 (= \dfrac{576}{25})$

(5) (4) より、$\sigma[X] = \sqrt{V[X]} = \sqrt{23.04} = \sqrt{\dfrac{24^2}{5^2}} = \dfrac{24}{5} = 4.8$

□

3.3.6 Poisson (ポアソン) 分布

二項分布における確率 $\mathrm{P}(X=k)={}_n\mathrm{C}_k\,p^k\,(1-p)^{n-k}$ の値を計算するとき、n が非常に大きい場合には計算するのが容易ではない。もちろん、計算できないわけではないが、19 世紀には、フランスの数学者 Poisson 氏が、二項分布の極限として得られる確率分布を発表している。それが、Poisson分布と呼ばれる確率分布である。

定義 50 (Poisson 分布)

$\lambda>0$ とし、離散型確率変数 X の確率分布が

$$\mathrm{P}(X=k)=\frac{1}{k!}\lambda^k e^{-\lambda},\quad (k=0,1,2,\ldots) \tag{3.9}$$

であるとき、この確率分布を **Poisson 分布** といい、$Po(\lambda)$ で表す。この場合、X はPoisson 分布 $Po(\lambda)$ に従うと表現される。

---

e は、1.8 節で紹介した Napier 数である。27 ページの定理 12 の式を再度ここに記述する。

$$\lim_{x\to 0}(1+x)^{\frac{1}{x}}=e=2.71828\cdots \tag{3.10}$$

さて、二項分布と Poisson 分布の関係について考えてみよう。二項分布 $B(N,p)$ において、$\lambda=Np$ とし、この λ の値は一定で変化しないとする。このとき、$p=\dfrac{\lambda}{N}$ であるので、二項分布の確率関数は次のように計算される：

$$\mathrm{P}(X=k)={}_N\mathrm{C}_k\,p^k\,(1-p)^{N-k}=\frac{N!}{(N-k)!\,k!}\left(\frac{\lambda}{N}\right)^k\left(1-\frac{\lambda}{N}\right)^{N-k}$$

$$=\frac{\lambda^k}{k!}N(N-1)\times\cdots\times\{N-(k-1)\}\frac{1}{N^k}\left(1-\frac{\lambda}{N}\right)^{-k}\left(1-\frac{\lambda}{N}\right)^{N}$$

$$=\frac{\lambda^k}{k!}\left(1-\frac{1}{N}\right)\times\cdots\times\left(1-\frac{k-1}{N}\right)\left(1-\frac{\lambda}{N}\right)^{-k}\left(1-\frac{\lambda}{N}\right)^{-\frac{N}{\lambda}\times(-\lambda)}$$

ここで、N は任意だから $N\to\infty$ とすると、

$$\lim_{N\to\infty}\frac{1}{N}=0,\ldots,\lim_{N\to\infty}\frac{k-1}{N}=0,\lim_{N\to\infty}\frac{\lambda}{N}=0$$

であり、さらに、$x = -\dfrac{\lambda}{N}$ とすれば (3.10) より

$$\lim_{N\to\infty}\left(1-\frac{\lambda}{N}\right)^{-\frac{N}{\lambda}} = \lim_{x\to 0}(1+x)^{\frac{1}{x}} = e$$

がわかる。よって、$N \to \infty$ のとき

$$\begin{aligned}
\mathrm{P}(X=k) &= {}_N\mathrm{C}_k\, p^k\,(1-p)^{N-k} \\
&\longrightarrow \quad \frac{\lambda^k}{k!}(1-0)\times\cdots\times(1-0)\,(1-0)^{-k}\,(e)^{-\lambda} = \frac{1}{k!}\lambda^k e^{-\lambda}
\end{aligned}$$

こうして、Poisson(ポアソン)分布 $Po(\lambda)$ は、ある割合 λ で起こる事象が実際 k 回起こるときの確率分布であり、二項分布 $B(N,p)$ は、Np の値は一定で変化しないとき、$N \to \infty$ とすれば Poisson(ポアソン)分布に収束することがわかった。

ここで、Np の値は一定で変化しないので、N が十分大きくなれば、p は十分小さい正の数となる。したがって、$\lambda = Np$ のとき、N が十分大きく、p は十分小さい正の数であれば、二項分布 $B(N,p)$ は、Poisson(ポアソン)分布 $Po(\lambda)$ で近似することができることがわかる。以上をまとめて、次の定理を得る。

定理 51 (二項分布のPoisson(ポアソン)分布による近似) 二項分布 $B(n,p)$ に対し、$\lambda = np$ とする。このとき、n が十分大きく、p は十分小さい正の数であれば、二項分布 $B(n,p)$ は、Poisson(ポアソン)分布 $Po(\lambda)$ で近似することができる。すなわち、二項分布での確率 $\mathrm{P}_B(X=k) = {}_n\mathrm{C}_k\, p^k\,(1-p)^{n-k}$ は、Poisson(ポアソン)分布 $Po(\lambda)$ での確率 $\mathrm{P}_P(X=k) = \dfrac{1}{k!}\lambda^k e^{-\lambda}$ で近似できる。

例題 3.7

確率変数 X が二項分布 $B(100, 0.05)$ に従うとき

(1) 確率変数 X の確率関数 $\mathrm{P}_B(X=k)$ を求めなさい。

(2) X の期待値 $E[X]$ を求めなさい。

(3) Poisson(ポアソン)分布で近似して、$\mathrm{P}_B(X=4)$ を求めなさい。

解答

(1) X は二項分布 $B(100, 0.05)$ に従うので、

$$\mathrm{P}_B(X = k) = {}_{100}\mathrm{C}_k \ 0.05^k \ 0.95^{100-k}, \quad (k = 0, 1, 2, \ldots, 100)$$

(2) 定理 49 (1) より、$E[X] = 100 \times 0.05 = 5$。

(3) 近似の Poisson(ポアソン) 分布 $Po(\lambda)$ の λ を求めると、

$$\lambda = 100 \times 0.05 = 5$$

これより、 Poisson(ポアソン) 分布の確率関数は

$$\mathrm{P}_P(X = k) = \frac{1}{k!}\lambda^k e^{-\lambda} = \frac{1}{k!}5^k e^{-5}, \quad (k = 0, 1, 2, \ldots)$$

よって、

$$\mathrm{P}_B(X = 4) \fallingdotseq \mathrm{P}_P(X = 4) = \frac{1}{4!}5^4 e^{-5} = \frac{625}{24e^5} (\fallingdotseq 0.175)$$

□

Poisson(ポアソン) 分布における期待値、分散、標準偏差については、次の定理が成立する。

定理 52 (Poisson(ポアソン) 分布における期待値、分散、標準偏差)
確率変数 X がPoisson(ポアソン) 分布 $Po(\lambda)$ に従うとき、次が成立する。

(1) $E[X] = \lambda$ (2) $V[X] = \lambda$ (3) $\sigma[X] = \sqrt{\lambda}$

証明

Poisson(ポアソン) 分布の標本空間は $\{\ 0,\ 1,\ 2,\ \ldots,\ \}$ であるから $x_k = k$ と表せる。

また、35 ページのMaclaurin(マクローリン) 展開の例 16 (1) より、

$$e^\lambda = \sum_{k=0}^{\infty} \frac{1}{k!}\lambda^k = \sum_{k=1}^{\infty} \frac{1}{(k-1)!}\lambda^{k-1} \tag{3.11}$$

が成立する。

(1) 期待値の定義 42 と式 (3.11) より

$$E[X] = \sum_{k=0}^{\infty} k\,\mathrm{P}_P(X=k) = \sum_{k=1}^{\infty} k\,\frac{1}{k!}\lambda^k e^{-\lambda} = \lambda\,e^{-\lambda}\sum_{k=1}^{\infty}\frac{1}{(k-1)!}\lambda^{k-1}$$
$$= \lambda\,e^{-\lambda}\,e^{\lambda} = \lambda$$

(2)
$$E[X^2] = \sum_{k=0}^{\infty} k^2\,\mathrm{P}_P(X=k) = \sum_{k=1}^{\infty} k^2\,\frac{1}{k!}\lambda^k e^{-\lambda}$$
$$= \sum_{k=1}^{\infty}\{1+(k-1)\}\,\frac{1}{(k-1)!}\lambda^k e^{-\lambda}$$
$$= \sum_{k=1}^{\infty}\frac{1}{(k-1)!}\lambda^k e^{-\lambda} + \sum_{k=2}^{\infty}(k-1)\,\frac{1}{(k-1)!}\lambda^k e^{-\lambda}$$
$$= \lambda\,e^{-\lambda}\sum_{k=1}^{\infty}\frac{1}{(k-1)!}\lambda^{k-1} + \lambda^2\,e^{-\lambda}\sum_{k=2}^{\infty}\frac{1}{(k-2)!}\lambda^{k-2}$$
$$= \lambda\,e^{-\lambda}\,e^{\lambda} + \lambda^2\,e^{-\lambda}\,e^{\lambda} = \lambda+\lambda^2$$

が得られる。よって、定理 47 と (1) より

$$V[X] = E[X^2] - E[X]^2 = (\lambda+\lambda^2) - (\lambda)^2 = \lambda$$

(3) (2) と定義 46 より $\sigma[X] = \sqrt{V[X]} = \sqrt{\lambda}$ □

例題 3.8

ある道路で1分間に通過する車の台数 X は、Poisson（ポアソン）分布 $Po(6)$ に従うとする。

(1) 確率変数 X の確率分布関数 $\mathrm{P}_P(X=k)$ を求めなさい。

(2) X の期待値 $E[X]$ を求めなさい。

(3) X の分散 $V[X]$ を求めなさい。

(4) X の標準偏差 $\sigma[X]$ を求めなさい。

(5) 1分間の台数が3台である確率を求めなさい。

(6) 1分間の台数が2台以下ある確率を求めなさい。

解答　X は、Poisson（ポアソン）分布 $Po(6)$ に従うので、$\lambda = 6$ とすればよい。

(1) X の確率関数は、$\mathrm{P}_P(X = k) = \dfrac{1}{k!}6^k e^{-6}, \quad (k = 0, 1, 2, \ldots)$

(2) 定理 52 (1) より、$E[X] = 6$

(3) 定理 52 (2) より、$V[X] = 6$

(4) (4) より、$\sigma[X] = \sqrt{V[X]} = \sqrt{6}$

(5) (1) より、$\mathrm{P}_P(X = 3) = \dfrac{1}{3!}6^3 e^{-6} = 36e^{-6}(= \dfrac{36}{e^6} \fallingdotseq 0.089 = 8.9\,\%)$

(6)
$$\begin{aligned}\mathrm{P}_P(X \leqq 2) &= \mathrm{P}_P(X = 0) + \mathrm{P}_P(X = 1) + \mathrm{P}_P(X = 2)\\ &= \frac{1}{0!}6^0 e^{-6} + \frac{1}{1!}6^1 e^{-6} + \frac{1}{2!}6^2 e^{-6}\\ &= 25e^{-6}(= \frac{25}{e^6} \fallingdotseq 0.062 = 6.2\,\%)\end{aligned}$$

□

Poisson（ポアソン）分布の例として、二項分布の近似の定理 51 があるが、大量観測時に稀な特定の事象が起こる回数や、1時間に平均 λ 回起こる事象が実際の1時間に起こるその事象の回数は、Poisson（ポアソン）分布に従うことが知られている。例えば、次のような具体的な場合にPoisson（ポアソン）分布が現れる。

例 30 (Poisson（ポアソン）分布の例)

(1) 一定時間内に掛かってくる電話の回数

(2) 1か月間に起こる事故数

(3) 原稿1枚当たりのミスの個数

(4) チケットのキャンセル数　　など

例 30 (4) により、キャンセル数が予想できれば、許容数（例えば、旅客機の乗車定員）よりも多くのチケットが販売できる。しかしながら、現実的には、状況等により、キャンセル数が予想より少ないことが発生してしまう。空港で、アナウンスを聞いていると、別の便に変更してもらう乗客を募っていることがある。残念ながら、キャンセル予想数が外れてたんですかねえ。統計での数値は、予想であることが多く、絶対というわけではないんです。

例題 3.9

パン工場でレーズンパンを製造するときに、出来上がった1個のレーズンパンの中に平均6個のレーズンが入るように、原料のレーズンの使用量を調整している。しかしながら、練りこみや個別に分けるときなどの製造過程を経て、レーズンパンが出来上がると、レーズンが6個ではないレーズンパンができてしまう。出来上がった1個のレーズンパンに入るレーズンの個数は、Poisson（ポアソン）分布に従う。このとき、レーズンが3個以下しか入っていないレーズンパンが出来上がる確率を求めなさい。

解答　出来上がった1個のレーズンパンに入るレーズンの個数を X とすると、X がPoisson（ポアソン）分布に従うとき、定理 52 (1) より、平均 $E[X] = \lambda$ だから、条件より $\lambda = 6$ である。つまり、X はPoisson（ポアソン）分布 $Po(6)$ に従う。このとき、X の確率関数は $\mathrm{P}_P(X = k) = \dfrac{1}{k!}6^k e^{-6}, \quad (k = 0, 1, 2, \ldots)$ であるので、求める確率は

$$\begin{aligned}
\mathrm{P}_P(X \leqq 3) &= \mathrm{P}_P(X = 0) + \mathrm{P}_P(X = 1) + \mathrm{P}_P(X = 2) + \mathrm{P}_P(X = 3) \\
&= \frac{1}{0!}6^0 e^{-6} + \frac{1}{1!}6^1 e^{-6} + \frac{1}{2!}6^2 e^{-6} + \frac{1}{3!}6^3 e^{-6} \\
&= 61e^{-6} (= \frac{61}{e^6} \fallingdotseq 0.151 = 15.1\ \%)
\end{aligned}$$

□

3.4　連続型確率分布

3.4.1　連続型確率変数

長さや重さのように連続な値をとる確率変数は連続型と呼ばれる。連続型確率変数の確率分布が、連続型確率分布である。

連続型確率変数 X の確率については、51 ページのストップウォッチの例 20 で述べたように、小数点以下をすべてぴったりと一致することが起こらないというわけではないが、ほぼ不可能である。つまり、X が無作為に1つの値 a にぴったりと一致する確率は、$\mathrm{P}(X = a) = 0$ である。したがって、基本的に連続型確率変数 X の区間 $x_1 < X < x_2$ の確率 $\mathrm{P}(x_1 < X < x_2)$ を考察

することになる。一般に、連続型確率変数 X の範囲は、起こりえない場合の確率は0とすることにより、実数全体、すなわち $-\infty < X < \infty$ とする。

さて、確率空間では、事象を変数と考え、そして確率は関数として考えるのである。そうすると、連続型確率変数 X の確率は、$-\infty < X < \infty$ における関数と考えられる。さらに、54 ページの確率の公理 33 を満たす必要がある。そのため、次の確率密度関数を定義する。

定義 53 (確率密度関数)
関数 $f(x)$ が次の条件を満たすとき、**確率密度関数** と呼ぶ。

(1) $f(x) \geqq 0 \quad (x \in \mathbb{R})$

(2) $\displaystyle\int_{-\infty}^{\infty} f(x)\,dx = 1$

※ 確率密度関数の定義 53 (2) の積分は、無限大が含まれていて、積分範囲が有限区間ではないので、1.11.4節で述べた広義積分であり、極限を用いて定義される。ただ、確率密度関数では、定義されてない区間があれば、その区間での値を0とすることにより、実数全体で定義することができるので、実際の積分は、広義積分ではない場合もある。

定義 54 (連続型確率)
$a, b \in \mathbb{R}$ に対し、確率密度関数 $f(x)$ を用いて、

$$\mathrm{P}(a \leqq X \leqq b) = \int_a^b f(x)\,dx \tag{3.12}$$

と定義し、これによって定まる変数 X を連続型確率変数という。このときの X の確率分布が連続型確率分布であり、式 (3.12) が X の確率分布関数である。

※ 36 ページの定積分の定義式 (1.12) の記述より、連続型確率 $\mathrm{P}(a \leqq X \leqq b)$ は面積で表せる。

式 (3.12) より、

$$P(X = a) = P(a \leqq X \leqq a) = \int_a^a f(x)\,dx = 0 \tag{3.13}$$

が得られるので、

$$P(a \leqq X \leqq b) = P(a < X \leqq b) = P(a \leqq X < b) = P(a < X < b)$$

が成立することがわかる。つまり、連続型確率分布では、区間の端点は確率に影響せず、「確率が 0 である」ことは必ずしも「起こらない」ことを意味するわけではない。

3.4.2　連続型確率変数の期待値・分散・標準偏差

連続型確率変数 X の確率分布において、X の期待値・分散・標準偏差を次のように定義する。

定義 55 (連続型確率変数の期待値・分散・標準偏差)
連続型確率変数 X の確率分布が

$$P(a \leqq X \leqq b) = \int_a^b f(x)\,dx$$

であるとき、X の **期待値** $\mathbf{E}[X]$ (または平均値 μ)、**分散** $\mathbf{V}[X]$ 、**標準偏差** $\sigma[X]$ を次のように定義する。

(1)　$\mu = E[X] = \int_{-\infty}^{\infty} x\,f(x)\,dx$

(2)　$V[X] = E[(X-\mu)^2] = \int_{-\infty}^{\infty} (x-\mu)^2\,f(x)\,dx$

(3)　$\sigma = \sigma[X] = \sqrt{V[X]}$

離散型と同様に、次の定理が成立する。

定理 56
確率密度関数 $f(x)$ で定義される連続型確率変数 X に対し、a, b を定数、

$\varphi(x)$ を可積分関数とするとき、次が成立する。

(1) $E[a\varphi(X)+b] = a\,E[\varphi(X)]+b$ (2) $V[X] = E[X^2]-E[X]^2$

(3) $V[aX+b] = a^2V[X]$ (4) $\sigma[aX+b] = |a|\sigma[X]$

証明 $f(x)$ は確率密度関数だから定義 53 (2) より $\displaystyle\int_{-\infty}^{\infty} f(x)\,dx = 1$ である。

(1) 期待値の定義 55 (1) と定理 21（定積分の性質）より、

$$
\begin{aligned}
E[a\varphi(X)+b] &= \int_{-\infty}^{\infty} (a\varphi(x)+b)\,f(x)\,dx \\
&= a\int_{-\infty}^{\infty} \varphi(x)\,f(x)\,dx + b\int_{-\infty}^{\infty} f(x)\,dx \\
&= a\,E[\varphi(X)]+b
\end{aligned}
$$

(2) (1) より

$$
\begin{aligned}
V[X] &= E[(X-\mu)^2] = E[X^2-2\mu X+\mu^2] \\
&= E[X^2]-2\mu E[X]+\mu^2 \\
&= E[X^2]-2E[X]\times E[X]+E[X]^2 \\
&= E[X^2]-E[X]^2
\end{aligned}
$$

(3) (1), (2) より

$$
\begin{aligned}
V[aX+b] &= E[(aX+b)^2]-E[aX+b]^2 \\
&= E[a^2X^2+2abX+b^2]-(aE[X]+b)^2 \\
&= a^2E[X^2]+2abE[X]+b^2-(a^2E[X]^2+2abE[X]+b^2) \\
&= a^2E[X^2]-a^2E[X]^2 = a^2(E[X^2]-E[X]^2) \\
&= a^2V[X]
\end{aligned}
$$

(4) (3) より

$$
\sigma[aX+b] = \sqrt{V[aX+b]} = \sqrt{a^2V[X]} = |a|\sigma[X]
$$

□

例題 3.10

a を定数とする。連続型確率変数 X の確率密度関数 $f(x)$ が

$$f(x) = \begin{cases} a(2x - x^2), & 0 \leqq x \leqq 2 \\ 0, & x < 0, \quad 2 < x \end{cases} \tag{3.14}$$

であるとき、次の値を求めなさい。

(1) a　(2) $\mathrm{P}(X = 1.5)$　(3) $\mathrm{P}(-1 < X \leqq 1)$

(4) $E[X]$　(5) $V[X]$　(6) $\sigma[X]$

解答

(1) $f(x)$ は確率密度関数だから $\displaystyle\int_{-\infty}^{\infty} f(x)\,dx = 1$ より、$f(x)$ の式 (3.14) の定義域に注意すると、

$$\int_{-\infty}^{0} f(x)\,dx + \int_{0}^{2} f(x)\,dx + \int_{2}^{\infty} f(x)\,dx = 1$$

$$\int_{-\infty}^{0} 0\,dx + \int_{0}^{2} a(2x - x^2)\,dx + \int_{2}^{\infty} 0\,dx = 1$$

$$0 + a\Big[x^2 - \frac{1}{3}x^3\Big]_0^2 + 0 = 1$$

$$a\Big\{(2^2 - \frac{1}{3} \times 2^3) - (0^2 - \frac{1}{3} \times 0^3)\Big\} = 1$$

$$\frac{4}{3}a = 1, \quad a = \frac{3}{4}$$

(2) 式 (3.13) より、$\mathrm{P}(X = 1.5) = 0$

(3) (1) と式 (3.14) より、

$$\begin{aligned}
\mathrm{P}(-1 < X \leqq 1) &= \int_{-1}^{1} f(x)\,dx \\
&= \int_{-1}^{0} f(x)\,dx + \int_{0}^{1} f(x)\,dx \\
&= 0 + \int_{0}^{1} \frac{3}{4}(2x - x^2)\,dx = \frac{3}{4}\Big[x^2 - \frac{1}{3}x^3\Big]_0^1 \\
&= \frac{3}{4}\Big\{(1^2 - \frac{1}{3} \times 1^3) - (0^2 - \frac{1}{3} \times 0^3)\Big\} = \frac{1}{2}
\end{aligned}$$

(4) (1) と定義 55 より、

$$\begin{aligned}\mu = E[X] &= \int_{-\infty}^{\infty} x\, f(x)\, dx \\ &= \int_0^2 \frac{3}{4}(2x^2 - x^3)\, dx = \frac{3}{4}\Big[\frac{2}{3}x^3 - \frac{1}{4}x^4\Big]_0^2 \\ &= \frac{3}{4}\Big\{(\frac{2}{3} \times 2^3 - \frac{1}{4} \times 2^4) - (0-0)\Big\} = 1\end{aligned}$$

(5) 定理 56 (2) を適用して求める。

$$\begin{aligned}E[X^2] &= \int_{-\infty}^{\infty} x^2\, f(x)\, dx \\ &= \int_0^2 x^2\, \frac{3}{4}(2x - x^2)\, dx \\ &= \frac{3}{4}\int_0^2 (2x^3 - x^4)\, dx \\ &= \frac{3}{4}\Big[2 \times \frac{1}{4}x^4 - \frac{1}{5}x^5\Big]_0^2 \\ &= \frac{3}{4}\Big\{(\frac{1}{2} \times 2^4 - \frac{1}{5} \times 2^5) - (\frac{1}{2} \times 0^4 - \frac{1}{5} \times 0^5)\Big\} \\ &= \frac{6}{5}\end{aligned}$$

だから、(4) と定理 56 (2) より

$$V[X] = E[X^2] - E[X]^2 = \frac{6}{5} - 1^2 = \frac{1}{5}$$

※【別解】 (4) より $\mu = E[X] = 1$ だから、定義 55 より、

$$\begin{aligned}V[X] &= \int_{-\infty}^{\infty} (x-\mu)^2\, f(x)\, dx \\ &= \int_0^2 (x-1)^2\, \frac{3}{4}(2x - x^2)\, dx \\ &= \frac{3}{4}\int_0^2 (x-1)^2 (2x - x^2)\, dx\end{aligned}$$

この定積分を計算して、$V[X] = \dfrac{1}{5}$ を得る。

(6) (5) より $\sigma[X] = \sqrt{V[X]} = \sqrt{\dfrac{1}{5}} = \dfrac{1}{\sqrt{5}} (= \dfrac{\sqrt{5}}{5})$

□

3.4.3　確率分布の標準化

確率分布は様々存在し、それを現実的に利用する場合は、確率変数に単位が伴う。例えば、身長を X とすれば、X の単位は“ cm ”であり、体重を X とすれば、X の単位は“ kg ”である。単位が違う場合の確率分布をそのまま比較するのは、その解釈が難しいのは当然であるが、単位が同じ場合でも、例えば、100m 走の記録とマラソンの記録の比較が難しい。

このような場合、確率変数を統一した基準で比較することができるようにするのが、**標準化** である。

定理 57 (標準化)
確率変数 X の期待値（平均値）を μ、標準偏差を σ とするとき、

$$Z = \frac{X - \mu}{\sigma} \tag{3.15}$$

とおくと、Z の期待値 $E[Z]$、分散 $V[Z]$、標準偏差 $\sigma[Z]$ について次が成立する：

$$E[Z] = 0, \quad V[Z] = 1, \quad \sigma[Z] = 1 \tag{3.16}$$

証明
式 (3.15) より

$$Z = \frac{1}{\sigma}X - \frac{\mu}{\sigma}$$

であるので、離散型確率変数の場合は定理 47 を適用、連続型確率変数の場合は定理 56 を適用すれば、

$$E[Z] = E[\frac{1}{\sigma}X - \frac{\mu}{\sigma}] = \frac{1}{\sigma}E[X] - \frac{\mu}{\sigma} = \frac{1}{\sigma}\mu - \frac{\mu}{\sigma} = 0,$$
$$V[Z] = E[\frac{1}{\sigma}X - \frac{\mu}{\sigma}] = \left(\frac{1}{\sigma}\right)^2 V[X] = \left(\frac{1}{\sigma}\right)^2 \sigma^2 = 1,$$
$$\sigma[Z] = \sqrt{V[Z]} = 1$$

□

上記の定理57により、どんな確率変数 X も式 (3.15) により標準化すれば、確率変数 Z の平均値は 0、標準偏差と分散は 1 となってしまう。このときの

Z の単位は無い。このような単位のない数値を **無名数** という。例えば、割合は無名数である。

こうして、無名数の確率変数 Z の確率分布が基準となり、いろいろと比較しやすくなるのである。

3.4.4 一様分布

連続型確率変数は、確率密度関数により確率の値が与えられている変数である。つまり、連続型確率変数には、必ず確率密度関数が指定されているということである。したがって、連続型確率分布は、確率密度関数により定まる確率分布である。そのため、連続型確率分布には、確率密度関数によって特別な名前が付く。

定義 58 (一様分布)

α, β を $\alpha < \beta$ を満たす定数とする。
連続型確率変数 X の確率密度関数 $f(x)$ が

$$f(x) = \begin{cases} \dfrac{1}{\beta - \alpha}, & \alpha \leqq x \leqq \beta \\ 0, & x < \alpha, \quad \beta < x \end{cases}$$

であるとき、この連続型確率分布を **一様分布** という。

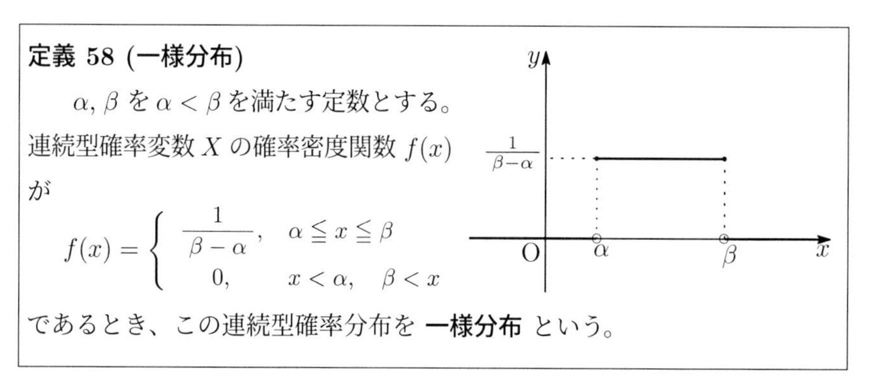

一様分布は、ある区間のみに値をとる確率密度関数により定められている。具体的な例として、等間隔の時間で運行しているバス停に無作為に到着したときの待ち時間や、無作為な数値を四捨五入するときの誤差は、一様分布に従うことが知られている。

一様分布における期待値、分散、標準偏差については、次の定理が成立する。

定理 59 (一様分布における期待値、分散、標準偏差)
確率変数 X の確率密度関数 $f(x)$ が

$$f(x) = \begin{cases} \dfrac{1}{\beta - \alpha}, & \alpha \leqq x \leqq \beta \\ 0, & x < \alpha, \quad \beta < x \end{cases}, \quad (\alpha < \beta)$$

である一様分布に従うとき、次が成立する。

(1) $E[X] = \dfrac{\beta+\alpha}{2}$　　(2) $V[X] = \dfrac{(\beta-\alpha)^2}{12}$　　(3) $\sigma[X] = \dfrac{\beta-\alpha}{2\sqrt{3}}$

証明

(1)
$$\begin{aligned} E[X] &= \int_{-\infty}^{\infty} x\,f(x)\,dx = \int_{\alpha}^{\beta} x\,\frac{1}{\beta-\alpha}\,dx \\ &= \frac{1}{\beta-\alpha}\int_{\alpha}^{\beta} x\,dx = \frac{1}{\beta-\alpha}\left[\frac{1}{2}\,x^2\right]_{\alpha}^{\beta} \\ &= \frac{1}{2(\beta-\alpha)}(\beta^2-\alpha^2) \\ &= \frac{\beta+\alpha}{2} \end{aligned}$$

(2)
$$\begin{aligned} E[X^2] &= \int_{-\infty}^{\infty} x^2\,f(x)\,dx = \int_{\alpha}^{\beta} x^2\,\frac{1}{\beta-\alpha}\,dx \\ &= \frac{1}{\beta-\alpha}\left[\frac{1}{3}\,x^3\right]_{\alpha}^{\beta} = \frac{1}{3(\beta-\alpha)}(\beta^3-\alpha^3) \\ &= \frac{1}{3(\beta-\alpha)}(\beta-\alpha)(\beta^2+\beta\alpha+\alpha^2) \\ &= \frac{1}{3}(\beta^2+\beta\alpha+\alpha^2) \end{aligned}$$

だから、(1) と定理 56 (2) より

$$\begin{aligned} V[X] &= E[X^2] - E[X]^2 \\ &= \frac{1}{3}(\beta^2+\beta\alpha+\alpha^2) - \left(\frac{\beta+\alpha}{2}\right)^2 \\ &= \frac{1}{12}\{4(\beta^2+\beta\alpha+\alpha^2) - 3(\beta^2+2\beta\alpha+\alpha^2)\} \\ &= \frac{1}{12}(\beta^2-2\beta\alpha+\alpha^2) = \frac{(\beta-\alpha)^2}{12} \end{aligned}$$

(3) $\alpha < \beta$ だから (2) より

$$\sigma[X] = \sqrt{V[X]} = \sqrt{\frac{(\beta-\alpha)^2}{12}} = \frac{\beta-\alpha}{2\sqrt{3}}$$

□

例題 3.11

30 分間隔で電車が運行している駅に、ある人が時計を見ないで無作為に行ったときの電車の待ち時間を X (分) とする。

(1) 確率変数 X の確率密度関数を求めなさい。

(2) X が従う確率分布を答えなさい。

(3) 待ち時間が 20 分以上 25 分以下である確率 P を求めなさい。

(4) 待ち時間の期待値を求めなさい。

解答

(1) 時計を見ないで無作為に行くので、X は 0 分〜30 分のどれかで確率は同様に確かである。よって、X の確率密度関数は

$$f(x) = \begin{cases} \dfrac{1}{30}, & 0 \leqq x \leqq 30 \\ 0, & x < 0, \quad 30 < x \end{cases}$$

(2) (1) より X が従う確率分布は、一様分布である。

(3) $\mathrm{P} = \mathrm{P}(20 \leqq X \leqq 25) = \displaystyle\int_{20}^{25} f(x)\,dx = \int_{20}^{25} \frac{1}{30}\,dx = \frac{1}{30}\Big[x\Big]_{20}^{25} = \frac{1}{6}$

(4) 定理 59 (1) より、$E[X] = \dfrac{0+30}{2} = 15$。

□

3.4.5 正規分布 (normal distribution)

次の確率密度関数により定義される正規分布は、連続型確率分布の中でも、理論、応用において、とても重要な確率分布である。

定義 60 (正規分布 (normal distribution))

μ, σ を定数とし、$\sigma > 0$ とする。

連続型確率変数 X の確率密度関数 $f(x)$ が

$$f(x) = \frac{1}{\sqrt{2\pi}\sigma} e^{-\frac{1}{2}\left(\frac{x-\mu}{\sigma}\right)^2}$$

であるとき、この連続型確率分布を **正規分布** といい、$N(\mu, \sigma^2)$ で表す。

特に、$\mu = 0, \sigma = 1$ の場合、すなわち、確率密度関数 $f(x)$ が

$$f(x) = \frac{1}{\sqrt{2\pi}} e^{-\frac{1}{2}x^2}$$

ある正規分布 $N(0, 1)$ を **標準正規分布** と呼ぶ。

※ e は、1.8 節で紹介した Napier（ネピア）数である。

※ 正規分布の確率密度関数 $y = \dfrac{1}{\sqrt{2\pi}\sigma} e^{-\frac{1}{2}\left(\frac{x-\mu}{\sigma}\right)^2}$ のグラフ

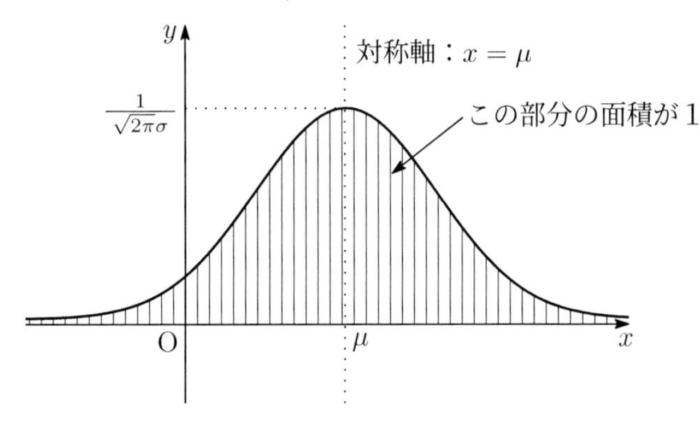

※ 46ページの Gauss（ガウス）積分より、

$$\int_{-\infty}^{\infty} \frac{1}{\sqrt{2\pi}\sigma} e^{-\frac{1}{2}\left(\frac{x-\mu}{\sigma}\right)^2} dx = 1$$

であることがわかる（実際、左辺の広義積分を置換積分を適用して求めると、1であることがわかる）。これにより、上図の線の部分の面積が1であり、確率密度関数の性質を満たすことがわかるのである。

正規分布における期待値、分散、標準偏差については、次の定理が成立する。

定理 61 (正規分布における期待値、分散、標準偏差)

定数 μ, σ $(\sigma > 0)$ に対し、確率変数 X の確率密度関数 $f(x)$ が
$f(x) = \dfrac{1}{\sqrt{2\pi}\sigma} e^{-\frac{1}{2}\left(\frac{x-\mu}{\sigma}\right)^2}$ である正規分布に従うとき、次が成立する。

(1) $E[X] = \mu$　　(2) $V[X] = \sigma^2$　　(3) $\sigma[X] = \sigma$

※ 期待値（平均値）が μ で、標準偏差が σ（分散が σ^2）である確率変数 X が、正規分布に従うとき、その正規分布は $N(\mu, \sigma^2)$ である。

※ 連続型確率分布では、極限を用いて定義される広義積分の値を計算する必要がある。ここでの証明は簡略化のため、次の結果を用いることにする。興味あれば、調べてみよう。

$$\int_{-\infty}^{\infty} e^{-t^2}\,dt = \sqrt{\pi}, \qquad \int_{-\infty}^{\infty} t\,e^{-t^2}\,dt = 0 \qquad \int_{-\infty}^{\infty} t^2\,e^{-t^2}\,dt = \frac{\sqrt{\pi}}{2}$$

証明　積分の計算に、44 ページの置換積分の定理 26 を適用する。
$t = \dfrac{x-\mu}{\sqrt{2}\sigma}$ とおくと、$x = \sqrt{2}\sigma\,t + \mu$、$dx = \sqrt{2}\sigma\,dt$、$x \to -\infty$ のとき $t \to -\infty$, $x \to \infty$ のとき $t \to \infty$ である。

$$\begin{aligned}
(1)\quad E[X] &= \int_{-\infty}^{\infty} x\,f(x)\,dx = \int_{-\infty}^{\infty} x\,\frac{1}{\sqrt{2\pi}\sigma} e^{-\frac{1}{2}\left(\frac{x-\mu}{\sigma}\right)^2} dx \\
&= \frac{1}{\sqrt{\pi}}\,\frac{1}{\sqrt{2}\sigma} \int_{-\infty}^{\infty} (\sqrt{2}\sigma\,t + \mu)\,e^{-t^2}\,\sqrt{2}\sigma\,dt \\
&= \frac{1}{\sqrt{\pi}} \int_{-\infty}^{\infty} (\sqrt{2}\sigma\,t + \mu)\,e^{-t^2}\,dt \\
&= \frac{1}{\sqrt{\pi}}\sqrt{2}\sigma \int_{-\infty}^{\infty} t\,e^{-t^2}dt + \frac{1}{\sqrt{\pi}}\,\mu \int_{-\infty}^{\infty} e^{-t^2}dt \\
&= \frac{1}{\sqrt{\pi}}\sqrt{2}\sigma \times 0 + \frac{1}{\sqrt{\pi}}\,\mu \times \sqrt{\pi} \\
&= \mu
\end{aligned}$$

$$\begin{aligned}
(2)\quad V[X] &= \int_{-\infty}^{\infty} (x-\mu)^2 f(x)\,dx = \int_{-\infty}^{\infty} (x-\mu)^2\,\frac{1}{\sqrt{2\pi}\sigma} e^{-\frac{1}{2}\left(\frac{x-\mu}{\sigma}\right)^2} dx \\
&= \frac{1}{\sqrt{\pi}}\,\frac{1}{\sqrt{2}\sigma} \int_{-\infty}^{\infty} (\sqrt{2}\sigma\,t)^2 e^{-t^2}\,\sqrt{2}\sigma\,dt \\
&= \frac{2\sigma^2}{\sqrt{\pi}} \int_{-\infty}^{\infty} t^2 e^{-t^2}\,dt = \frac{2\sigma^2}{\sqrt{\pi}} \times \frac{\sqrt{\pi}}{2} = \sigma^2
\end{aligned}$$

(3) $\sigma > 0$ だから (2) より　$\sigma[X] = \sqrt{V[X]} = \sigma$ □

確率分布の標準化については、定理 57 で述べたが、一般には、標準化する前の X の確率分布と、標準化した後の確率変数 Z の確率分布とは同じとは限らない。ただ、正規分布の標準化に関しては、次の定理が成立する。

定理 62 (正規分布の標準化)
連続型確率変数 X が正規分布 $N(\mu, \sigma^2)$ に従うとき、

$$Z = \frac{X - \mu}{\sigma} \tag{3.17}$$

とおくと、確率変数 Z は標準正規分布 $N(0, 1)$ に従う。すなわち、X が正規分布に従うとき、標準化した Z も正規分布に従い、その正規分布は標準正規分布である（一般的には 157 ページの定理 82 参照)。

証明　Z の確率密度関数が $f(x) = \dfrac{1}{\sqrt{2\pi}} e^{-\frac{1}{2}x^2}$ であることを示せばよい。

X が正規分布 $N(\mu, \sigma^2)$ に従うので、$a, b \in \mathbb{R}$ $(a < b)$ に対し、

$$\mathrm{P}(a\sigma + \mu \leqq X \leqq b\sigma + \mu) = \int_{a\sigma+\mu}^{b\sigma+\mu} \frac{1}{\sqrt{2\pi}\sigma} e^{-\frac{1}{2}\left(\frac{x-\mu}{\sigma}\right)^2} dx \tag{3.18}$$

である。ここで、$t = \dfrac{x - \mu}{\sigma}$ とおくと、$x = \sigma t + \mu$、$dx = \sigma\, dt$、$x = a\sigma + \mu$ のとき $t = a$, $x = b\sigma + \mu$ のとき $t = b$ であるから、44 ページの置換積分の定理 26 より

$$\begin{aligned}
\mathrm{P}(a \leqq Z \leqq b) &= \mathrm{P}(a \leqq \frac{X - \mu}{\sigma} \leqq b) = \mathrm{P}(a\sigma + \mu \leqq X \leqq b\sigma + \mu) \\
&= \int_{a\sigma+\mu}^{b\sigma+\mu} \frac{1}{\sqrt{2\pi}\sigma} e^{-\frac{1}{2}\left(\frac{x-\mu}{\sigma}\right)^2} dx \\
&= \int_a^b \frac{1}{\sqrt{2\pi}\sigma} e^{-\frac{1}{2}t^2} \sigma\, dt \\
&= \int_a^b \frac{1}{\sqrt{2\pi}} e^{-\frac{1}{2}t^2} dt
\end{aligned}$$

つまり、Z の確率密度関数は $f(x) = \dfrac{1}{\sqrt{2\pi}} e^{-\frac{1}{2}x^2}$ である。 □

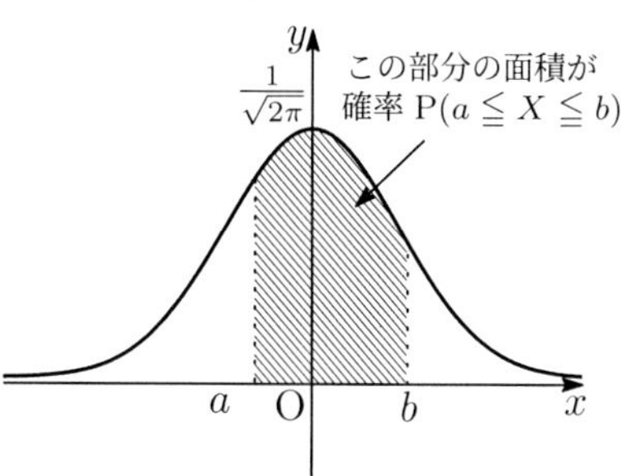

さて、連続型確率分布において、実際に確率 $\mathrm{P}(a \leqq Z \leqq b)$ を求めるには、定積分の計算することになる。積分の理論では、微分積分学の基本定理（定理 24）より、原始関数の2点の値で求められることがわかった。ただ、原始関数が初等関数で表せるとは限らない。事実、標準正規分布の確率密度関数 $f(x) = \dfrac{1}{\sqrt{2\pi}} e^{-\frac{1}{2}x^2}$ の原始関数は初等関数では表せない。そのような場合には、定積分の定義に戻ろう。37 ページの定積分の定義式 (1.15) より、

$$\int_a^b f(x)\,dx = \lim_{n\to\infty}\sum_{k=1}^{n} f\left(a + \frac{b-a}{n}k\right)\frac{b-a}{n}$$

であるので、n を十分大きくとることにより、定積分の値は

$$\sum_{k=1}^{n} f\left(a + \frac{b-a}{n}k\right)\frac{b-a}{n}$$

で近似されるのである。

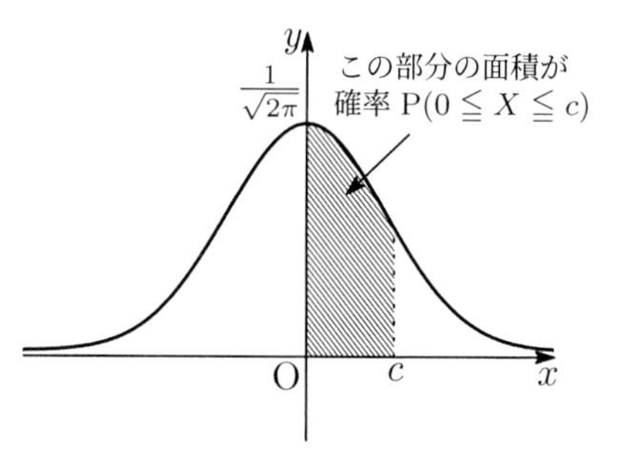

実際に、標準正規分布における確率の近似値を表にしたのが、巻末の**標準正規分布表** である。これは、右図にあるように、確率 $\mathrm{P}(0 \leqq X \leqq c)$ は面積で表され、その面積の近似値が表になっている。

例えば、確率変数 X が標準正規分布に従うとき、確率 $\mathrm{P}(0 \leqq X \leqq 1.32)$ を求めるときは、$c = 1.32$ だから、標準正規分布表を参照して、

$$\mathrm{P}(0 \leqq X \leqq 1.32) = 0.4066$$

が得られるのである。※ 近似値ではあるが、“ = ”で表すことにする。

確率変数 X が標準正規分布に従うとき、確率密度関数の対称性を考えると、$\mathrm{P}(-\infty \leqq X \leqq \infty) = 1$ だから、その半分は、

$$\mathrm{P}(X \leqq 0) = \mathrm{P}(-\infty \leqq X \leqq 0) = \mathrm{P}(0 \leqq X \leqq \infty) = \mathrm{P}(0 \leqq X) = 0.5$$

である。また、確率は、確率密度関数の定積分で表されるので、確率密度関数のグラフの面積に注目しよう。

例題 3.12

連続型確率変数 X が標準正規分布 $N(0,1)$ に従うとき、次の確率を求めなさい。

(1) $\mathrm{P}(1.01 \leqq X \leqq 1.32)$　　(2) $\mathrm{P}(1.01 \leqq X)$

(3) $\mathrm{P}(-1.01 \leqq X \leqq 1.32)$　　(4) $\mathrm{P}(X \leqq -1.32)$

解答　※ 表より、$\mathrm{P}(0 \leqq X \leqq 1.01) = 0.3438$、$\mathrm{P}(0 \leqq X \leqq 1.32) = 0.4066$

(1) $$\begin{aligned}\mathrm{P}(1.01 \leqq X \leqq 1.32) &= \mathrm{P}(0 \leqq X \leqq 1.32) - \mathrm{P}(0 \leqq X \leqq 1.01)\\ &= 0.4066 - 0.3438 = 0.0628\end{aligned}$$

(2) $$\begin{aligned}\mathrm{P}(1.01 \leqq X) &= \mathrm{P}(0 \leqq X) - \mathrm{P}(0 \leqq X \leqq 1.01)\\ &= 0.5 - 0.3438 = 0.1562\end{aligned}$$

(3) $$\begin{aligned}\mathrm{P}(-1.01 \leqq X \leqq 1.32) &= \mathrm{P}(-1.01 \leqq X \leqq 0) + \mathrm{P}(\leqq X \leqq 1.32)\\ &= \mathrm{P}(0 \leqq X \leqq 1.01) + \mathrm{P}(\leqq X \leqq 1.32)\\ &= 0.3438 + 0.4066 = 0.7504\end{aligned}$$

(4) $$\begin{aligned}\mathrm{P}(X \leqq -1.32) &= \mathrm{P}(1.32 \leqq X)\\ &= \mathrm{P}(0 \leqq X) - \mathrm{P}(0 \leqq X \leqq 1.32)\\ &= 0.5 - 0.4066 = 0.0934\end{aligned}$$

□

例題 3.13

連続型確率変数 X が正規分布 $N(3,16)$ に従うとき、次の確率を求めなさい。

(1) $\mathrm{P}(-1 \leqq X \leqq 3)$　　(2) $\mathrm{P}(|X| \leqq 1)$　　(3) $\mathrm{P}(|X-1| \geqq 2)$

解答 ※ 表より、$\mathrm{P}(0 \leqq X \leqq 1) = 0.3413$、$\mathrm{P}(0 \leqq X \leqq 0.5) = 0.1915$

X が正規分布 $N(3, 16)$ に従うので、$\mu = E[X] = 3, \sigma = \sigma[X] = \sqrt{16} = 4$。このとき、標準化

$$Z = \frac{X-3}{4}$$

とおくと、定理 62 より、確率変数 Z は標準正規分布 $N(0,1)$ に従う。これより、確率密度関数のグラフの対称性や面積に注目して計算する。

(1)
$$\begin{aligned}\mathrm{P}(-1 \leqq X \leqq 3) &= \mathrm{P}(\frac{-1-3}{4} \leqq \frac{X-3}{4} \leqq \frac{3-3}{4}) \\ &= \mathrm{P}(-1 \leqq Z \leqq 0) \\ &= \mathrm{P}(0 \leqq Z \leqq 1) = 0.3413\end{aligned}$$

(2)
$$\begin{aligned}\mathrm{P}(|X| \leqq 1) &= \mathrm{P}(-1 \leqq X \leqq 1) \\ &= \mathrm{P}(\frac{-1-3}{4} \leqq \frac{X-3}{4} \leqq \frac{1-3}{4}) \\ &= \mathrm{P}(-1 \leqq Z \leqq -0.5) = \mathrm{P}(0.5 \leqq Z \leqq 1) \\ &= \mathrm{P}(0 \leqq Z \leqq 1) - = \mathrm{P}(0 \leqq Z \leqq 0.5) \\ &= 03413 - 0.1915 = 0.1498\end{aligned}$$

(3)
$$\begin{aligned}\mathrm{P}(|X-1| \geqq 2) &= 1 - \mathrm{P}(|X-1| \leqq 2) \\ &= 1 - \mathrm{P}(-2 \leqq X-1 \leqq 2) \\ &= 1 - \mathrm{P}(\frac{-2-2}{4} \leqq \frac{X-3}{4} \leqq \frac{2-2}{4}) \\ &= 1 - \mathrm{P}(-1 \leqq Z \leqq 0) = 1 - \mathrm{P}(0 \leqq Z \leqq 1) \\ &= 1 - 0.3413 = 0.6587\end{aligned}$$

□

3.4.6 正規分布と二項分布

二項分布について、n が十分大きいとき、正規分布で近似することができることが知られている。

定理 63 (de Moivre - Laplace の定理)（ド・モアブル　ラプラス）

確率変数 X が二項分布 $B(n,p)$ に従うとき、n が十分大きいならば、X は近似的に正規分布 $N(np, np(1-p))$ に従う。

確率変数 X が二項分布 $B(n,p)$ に従うとき、X の期待値は $\mu = E[X] = np$、分散は $\sigma^2 = V[X] = np(1-p)$ である。このとき、n が十分大きいと、X は正規分布 $N(\mu, \sigma^2)$ に従うと考えてよいということである。

確率についてみてみると、二項分布 $B(n,p)$ での確率 $\mathrm{P}_B(a \leqq X \leqq b)$ を正規分布 $N(\mu, \sigma^2)$ での確率 $\mathrm{P}_N(a \leqq X \leqq b)$ で近似するということである。

ここで、二項分布は離散型、正規分布は連続型であるので、少し注意が必要であろう。連続型の確率は、確率密度関数の面積で表されるので、グラフを用いて確率について比較してみよう。

例えば、離散型確率分布の二項分布の確率 $\mathrm{P}_B(X=2)$ を図の面積で表せば、横幅が 1 で高さが $\mathrm{P}_B(X=2)$ の長方形の面積として表せる。$\mathrm{P}_B(2 \leqq X \leqq 5)$ は、

$\mathrm{P}_B(2 \leqq X \leqq 5) = \mathrm{P}_B(X=2) + \mathrm{P}_B(X=3) + \mathrm{P}_B(X=4) + \mathrm{P}_B(X=5)$

だから、確率は長方形の面積の和で表せる。

一方、連続型確率分布の正規分布の確率 $\mathrm{P}_N(2 \leqq X \leqq 5)$ を図の面積で表せば、確率密度関数のグラフと x 軸の区間 $2 \leqq x \leqq 5$ の間の面積として表せる。このグラフの面積と長方形の面積の和を比較すると、グラフの面積の方が小さくなってしまう（上図参照)。そこで、区間の両端の値を 0.5 だけ補正して、

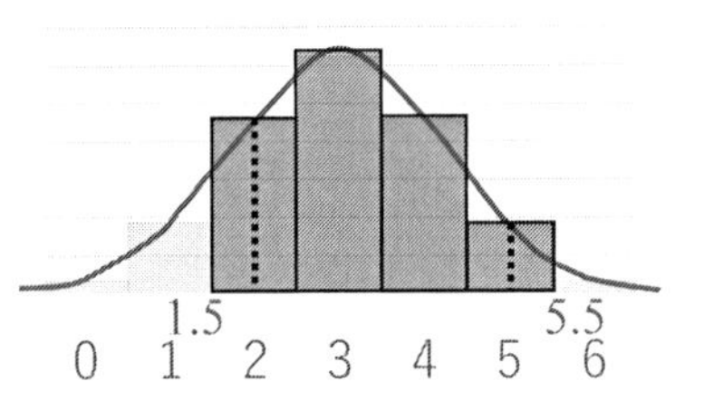

$$\mathrm{P}_N(2 - 0.5 \leqq X \leqq 5 + 0.5) = \mathrm{P}_N(1.5 \leqq X \leqq 5.5)$$

として、グラフの面積を増やす。これは **半数補正または半整数補正** と呼ばれる。そうすると、長方形の面積の和にグラフの面積が近づいて、よりよい近似になる。以上をまとめると、次のようになる。

定理 64 (二項分布の正規分布による近似（半数補正）） n が十分大きい

とき、二項分布 $B(n,p)$ は、正規分布 $N(np, np(1-p))$ で近似することができる。このとき、二項分布の確率 $\mathrm{P}_B(a \leqq X \leqq b)$ を正規分布の確率 P_N で近似する場合については、

$$\mathrm{P}_B(a \leqq X \leqq b) \fallingdotseq \mathrm{P}_N(a-0.5 \leqq X \leqq b+0.5) \quad \text{：半数補正}$$

とすることでより良い近似を得る。

例題 3.14

450 個のさいころを一斉に投げたとき、2 以下の目が出るさいころの個数を X とするとき、

(1) X の確率関数を求め、X が従う確率分布を答えなさい。

(2) X の期待値 $E[X]$ と分散 $V[X]$ を求めなさい。

(3) 正規分布で近似して、2 以下の目が出るさいころの個数が 135 個以上 173 個以下である確率 P をを求めなさい。

解答

(1) 1 個のさいころの目が 2 以下である確率は $\dfrac{1}{3}$ なので、X の確率関数は

$$\mathrm{P}(X=k) = {}_{450}\mathrm{C}_k \left(\frac{1}{3}\right)^k \left(\frac{2}{3}\right)^{450-k}, \qquad (k=0,1,2,\ldots,450)$$

であり、X が従う確率分布は、二項分布 $B(450, \dfrac{1}{3})$ である。

(2) 定理 49 (1) より、$E[X] = 450 \times \dfrac{1}{3} = 150$。

定理 49 (2) より、$V[X] = 450 \times \dfrac{1}{3} \times \dfrac{2}{3} = 100$。

(3) 定理 64 より、二項分布 $B(450, \dfrac{1}{3})$ は、正規分布 $N(150, 100 = 10^2)$ で

近似することができる。このとき、

$$\begin{aligned}\mathrm{P}_B(135 \leqq X \leqq 173) &\fallingdotseq \mathrm{P}_N(135-0.5 \leqq X \leqq 173+0.5)\\ &= \mathrm{P}_N(134.5 \leqq X \leqq 173.5)\end{aligned}$$

ここで、$Z=\dfrac{X-150}{10}$ とおくと、定理62より、確率変数 Z は標準正規分布 $N(0,1)$ に従うので、

$$\begin{aligned}\mathrm{P}_B(135 \leqq X \leqq 173) &\fallingdotseq \mathrm{P}_N(134.5 \leqq X \leqq 173.5)\\ &= \mathrm{P}_N\left(\frac{134.5-150}{10} \leqq \frac{X-150}{10} \leqq \frac{173.5-150}{10}\right)\\ &= \mathrm{P}_N(-1.55 \leqq Z \leqq 2.35)\\ &= \mathrm{P}_N(-1.55 \leqq Z \leqq 0)+\mathrm{P}_N(0 \leqq Z \leqq 2.35)\\ &= \mathrm{P}_N(0 \leqq Z \leqq 1.55)+\mathrm{P}_N(0 \leqq Z \leqq 2.35)\\ &= 0.4394+0.4906\\ &= 0.9300\end{aligned}$$

□

第4章　データの要約

観測値や調査のデータは、現象の推論の基礎となったり、判断や論証のもとになったりするものである。ただ、データは、収集しただけでは、単なる変数の値の集まりであり、何も始まらない。データを集計し、整理して、何らかの知見を得ることにより、問題を浮き彫りにしたり、それらを解決する足掛かりとすることができるのである。

4.1　データの種類

新聞、テレビ、WEBなどには、様々な表やデータが掲載され、それらを用いて解釈・解説が述べられている。これらの資料は、現象や動向を推測する基礎となったり、論証・立証を裏付けるものとなったりする。このような資料を作成するために、観測や調査が行われる。例えば、調査する場合は、調査項目に対して、いろいろな値をとる変数 X を対応させる。このとき、この変数は、数値とは限らない。調査項目が“性別”であれば、変数 X のとる値は {男}、{女} である。一般に、変数は、 **質的変数** と **量的変数** に分類される。

質的変数は、性別、血液型、出身地などのように、いくつかに分類されるもの（それぞれを **カテゴリ** という）が変数となるものである。これらの分類されたカテゴリには順序関係が無いものばかりでなく、競技の順位や病状の進行段階も含まれる。

量的変数は、人数、温度、長さなどのように、数値で表される変数であり、大小関係がある。量的変数は、個数や学年のような **離散変数** と、温度や長さのような **連続変数** に分類される。

観測値や調査に対して、いろいろな値をとる変数 X を対応させ、収集された結果がデータであり、質的変数のデータを **質的データ** 、量的変数のデータが **量的データ** と呼ぶ。 データに含まれる調査数などの総個数は、 **データの大きさ** と呼ばれる。

4.2　質的データ

観測値や調査に対して、いろいろな値をとる変数 X を対応させ、収集された結果がデータであり、データは、集計し分類して表を作成し、数値で表現できるようにする。そうして作成された表は、 **度数分布表** と呼ばれ、各カテゴリに属する個数は、 **度数** と呼ばれる。

質的データの場合は、各カテゴリの度数を集計し、度数分布表を作成する。例えば、ある小学校の給食メニューで好きなメニューを調査したところ、表 4.1 のような度数分布表が得られた。このときのデータの大きさは、320 である。

メニュー	人数（人）
唐揚げ	120
ハンバーグ	81
カレーライス	58
オムライス	52
スパゲッティ	16
その他	23
合計	350

表 4.1: 好きなメニュー

度数分布表では、度数の多いメニューから並べてあるが、本来メニューには順序があるわけではないので、どの順番で並べてもよい。ただ、わかりやすくするために、度数の大きいカテゴリから並べるのが一般的である。

しかし、「その他」「わからない」などのカテゴリ以外の集計は最後にまとめる。

質的データの度数を視覚的に表現するとき、数量の大小を比較するためには、図 4.1のような棒グラフが用いられる。棒の高さ（長さ）が各カテゴリの数量を示すことにより、視覚的に大小が比較できる。このとき、グラフの棒は細すぎないようにし、意味なくまぎらわしい模様をつけない。

図 4.1:　好きなメニュー

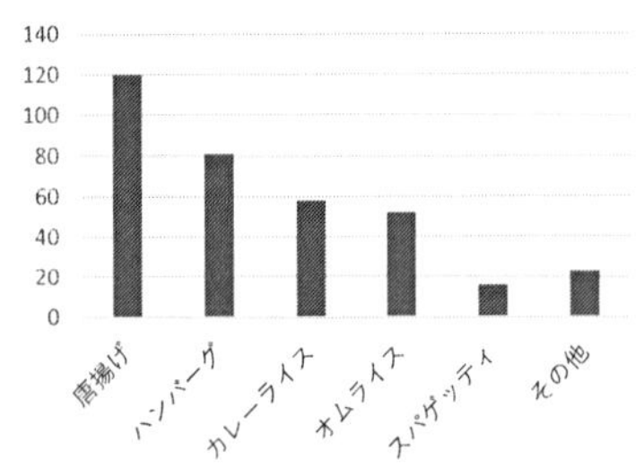

また、カテゴリ間に順序がある場合、例えば、「1．とても好き」「2．どちらかといえば好き」「3．どちらでもない」「4．どちらかといえば嫌い」「5．とても嫌い」などの場合は、そのカテゴリの順序に従って、度数分布表の順序も従うのが一般的である。その場合には、棒グラフを作成する際にも、この順序に並べるのが自然である。

4.3　量的データ

ここでは、大小関係が比較できる量的データについて述べる。

4.3.1　平均値、中央値、四分位数

観測値などのデータの傾向を表すような代表値である平均値、中央値を定義しよう。

定義 65 (平均・平均値 (mean))
n 個からなるデータ $\{X; x_1, \ldots, x_n\}$ に対し、そのデータの **平均または平均値（mean)** を $\bar{x}$、または $E[X]$ で表し、次のような式で定義する。

$$\bar{x} = E[X] = \frac{1}{n}\sum_{k=1}^{n} x_k = \frac{1}{n}(x_1 + \cdots + x_n) \tag{4.1}$$

※ 離散型確率変数については、80 ページの期待値の定義 42 で述べたように、平均値は期待値 (Expected value) と同値な定義と考えられるので、データの場合も $E[X]$ でも表すことにする。

平均値は、分布の中心の位置の代表値として用いられることが多い。それは、「平均より小さい観測値の平均からの差（絶対偏差）の合計」と「平均より大きい観測値の平均からの差（絶対偏差）の合計」は等しくなり、釣り合いがとれる値だと考えられるからであろう（定理 44 参照)。すなわち、偏差（平均値と観測値の差）の合計が 0 ということである。実際、偏差を式で表すと

$$偏差：\quad x_k - \bar{x}, \quad k = 1, 2, \ldots, n \tag{4.2}$$

であるから、平均値の式 (4.1) より

$$\sum_{k=1}^{n}(x_k - \bar{x}) = \sum_{k=1}^{n} x_k - \bar{x}\sum_{k=1}^{n} 1 = n\bar{x} - \bar{x}n = 0 \tag{4.3}$$

が得られ、どんなデータでも偏差の合計は 0 である。

定義 66 (中央値・メジアン (median))
n 個からなるデータ $\{x_1, \ldots, x_n\}$ に対し、そのデ－タを観測値の大きさの順に並べ替え、

$$x_{\langle 1\rangle} \leqq x_{\langle 2\rangle} \leqq \cdots x_{\langle n\rangle}$$

としたとき、中央に位置する値を **中央値** または**メジアン** (median) といい、次のような定義式で表せる。

$$\text{中央値} = \begin{cases} x_{\langle \frac{n+1}{2} \rangle} & n \text{ が奇数のとき} \\ \dfrac{1}{2}\left(x_{\langle \frac{n}{2} \rangle} + x_{\langle \frac{n}{2}+1 \rangle}\right) & n \text{ が偶数のとき} \end{cases} \tag{4.4}$$

中央値を求めるときは、観測値の大きさの順に並べ替える際、同じ値が複数ある場合は、同じ値をその数だけ並べることを忘れないようにする。そのとき、真ん中の順位（中央）になる値が中央値（メジアン）である。

定義 67 (四分位数 (quartile))
n 個からなるデータ $\{x_1, \ldots, x_n\}$ に対し、そのデ－タを観測値の大きさの順に並べ替え、

$$x_{\langle 1\rangle} \leqq x_{\langle 2\rangle} \leqq \cdots x_{\langle n\rangle}$$

としたとき、4 等分した場合の境界となる値を **四分位数**という。この場合、その境界の値の小さい順に**第 1 四分位数** ($\mathbf{Q}_1$ と表す)、**第 2 四分位数** ($\mathbf{Q}_2$ と表す)、**第 3 四分位数** ($\mathbf{Q}_3$ と表す)、と呼ぶ。
※ 第 2 四分位数 Q_2 と中央値は同じ値である。

四分位数を求めるときは、まず、中央値、つまり Q_2 を求める。そうすると、Q_2 より小さい観測値のデータの中央値が Q_1、Q_2 より大きい観測値のデータの中央値が Q_3 である。

定義 68 (レンジ (range)・四分位範囲 (interquartile range))
（最大値－最小値）の値のことを **レンジ** といい、**R** で表し、（第 3 四分位数－第 1 四分位数）の値のことを **四分位範囲** といい、**IQR** で表す。

$$\text{レンジ：R=Max}-\text{min},\quad \text{四分位範囲：IQR} = Q_3 - Q_1 \qquad (4.5)$$

であり、中央値付近の IQR に、データの 50 %が含まれるのである。

※ データの中の極端に大きな値や極端に小さな値は　**外れ値**と呼ばれる。この場合の極端に大きい・小さいの目安としては、四分位範囲 IQR が用いられ、外れ値は、第 1・3 四分位数より IQR の 1.5 倍よりも離れている値とされる。つまり、データの中の外れ値として、

外れ値：$Q_1 - 1.5\times$IQR より小さい値、または $Q_3 + 1.5\times$IQR より大きい値

と定義されることが多い。“ IQR の 1.5 倍 ”は、あくまでも目安であり、データによっては“ IQR の 3 倍 ”とされることもある。

例題 4.1

クラスの登校時間 x（分）を測ったデータがある。

56、24、32、19、33、60、31、23、22、87、
45、47、12、28、7、12、43、32、101、26

(1) データの大きさ n を求めなさい。

(2) 平均値 $\bar{x}$ を求めなさい。

(3) 中央値 M を求めなさい。

(4) 四分位数 Q_1、Q_2、Q_3 をそれぞれ求めなさい。

(5) IQR を求めなさい。

(6) 外れ値を求めなさい。ただし、外れ値は、第 1・3 四分位数より、IQR の 1.5 倍より離れている値とする。

解答

(1) データの大きさは、データの個数だから $n = 30$

(2)
$$\bar{x} = \frac{1}{20}(56 + 24 + 32 + 19 + 33 + 60 + 31 + 23 + 22 + 87 + 45 + 47 + 12 + 28 + 7 + 12 + 43 + 32 + 101 + 26)$$
$$= \frac{1}{20} \times 740 = 37 \text{（分）}$$

(3) デ－タを小さい順に並べると、

7、12、12、19、22、23、24、26、28、31、
32、32、33、43、45、47、56、60、87、101

データの個数 n は $n = 20$ で偶数だから式 (4.4) より、中央値 M は

$$M = \frac{1}{2}\left(x_{\langle \frac{n}{2} \rangle} + x_{\langle \frac{n}{2}+1 \rangle}\right)$$
$$= \frac{1}{2}\left(x_{\langle 10 \rangle} + x_{\langle 11 \rangle}\text{: 10 番目と 11 番目の和 }\right)$$
$$= \frac{1}{2}(31 + 32) = 31.5 \text{（分）}$$

(4) (3) より　$Q_2 = M = 31.5$（分）

Q_1 は、Q_2= 31.5 より小さいデータの 10 個の中央値だから、

$$Q_1 = \frac{1}{2}\left(x_{\langle 5 \rangle} + x_{\langle 6 \rangle}\right) = \frac{1}{2}(22 + 23) = 22.5 \text{（分）}$$

Q_3 は、Q_2= 31.5 より大きいデータの 10 個の中央値だから、

$$Q_3 = \frac{1}{2}\left(x_{\langle 15 \rangle} + x_{\langle 16 \rangle}\right) = \frac{1}{2}(45 + 47) = 46 \text{（分）}$$

(5) I)QR は、式 (4.5) より

$$\text{IQR} = Q_3 - Q_1 = 46 - 22.5 = 23.5 \text{（分）}$$

(6) 小さい方の外れ値の基準値は

$$Q_1 - 1.5 \times \text{IQR} = 22.5 - 1.5 \times 23.5 = -12.75$$

であり、この基準値より小さい値は無い。

大きい方の外れ値の基準値は

$$Q_3 + 1.5 \times \mathrm{IQR} = 46.0 + 1.5 \times 23.5 = 81.25$$

であり、この基準値より大きい値は 87 と 101 である。

以上より、外れ値は 87、101（分）。 □

上の例題 4.1 において、(2) の平均値 37(分) と (3) の中央値 31.5(分) を比較してみると、平均値の方が大きいことがわかる。これは、平均値には観測値をそのまま足し合わせて計算するので、外れ値の影響を受けやすいという欠点があり、このような場合、データの中心の位置という性質の信頼度を損ってしまった結果である。一方、中央値は、観測値の大きさの順位に基づく情報を利用するため、外れ値の影響をあまり受けない。

平均値は、式 (4.3) で示したように、偏差の合計は 0 であることから、分布の中心の位置の代表値と考えられるが、実際には、外れ値やデータの分布の歪み（対称性からのずれ）の影響を受けやすいので、中心の位置としては、中央値を用いるほうが良いことがある。平均値、中央値の特性をよく知って、判断・活用すべきである。

4.3.2 度数分布表

量的データの場合は、変数の値に大小関係があるので、度数分布表は、変数のとる値の範囲をグループ分けして集計し、小さい順、または大きい順に整理する。このとき、それぞれのグループを **階級** といい、各階級を代表する値を **階級値** という。階級が区間の場合は、境界の値の小さい方を **下限** 、大きい方を **上限** と呼び、上限から下限を引いた差を **階級幅** と呼ぶ。階級値は、階級の上限と下限の平均値とすることが多い。

各階級の度数のデータの大きさにおける割合のことを **相対度数** という。また、その階級までの度数のすべての和を **累積度数** といい、その階級までの相対度数のすべての和を **累積相対度数** という。

度数が最も大きい値を **最頻値** 、または **モード（mode）** という。度数分布表から求めるときは、度数の最も大きい階級をモードとする。なお、その階級の階級値をモードと考えてもよい。

データが整理された後の度数分布表から平均値を求めるときは、元のデータの値がわからないので、階級値を用いて求めることになる。

また、データが整理された後の度数分布表から中央値、四分位数を求めるときは、データの大きさを踏まえて、中央値、四分位数が含まれる階級、または階級値をそれぞれ中央値、四分位数と考えてよい。

例題 4.2

ある小学校における通学時間 x（分）を測ったデータがある。

階級（分） 以上　未満	階級値	度数	累積度数	相対度数	累積相対度数
0〜5	2.5	3	3	0.06	0.06
5〜10	7.5	8	11	0.16	0.22
10〜15	12.5	12	23	0.24	0.46
15〜20	17.5	16	39	0.32	0.78
20〜25	22.5	7	46	0.14	0.92
25〜30	27.5	4	50	0.08	1
計	—	50	—	1	—

(1) データの大きさ n を求めなさい。

(2) 平均値 $\bar{x}$ を求めなさい。

(3) モード m を求めなさい。

(4) メジアン M を求めなさい。

(5) 四分位数 Q_1、Q_2、Q_3 をそれぞれ求めなさい。

解答

(1) データの大きさは、データの総個数だから度数の合計で $n = 50$

(2) 元のデータの値がわからないので、階級値を用いて求める。

$$\bar{x} = \frac{1}{50}(2.5 \times 3 + 7.5 \times 8 + 12.5 \times 12 + 17.5 \times 16 + 22.5 \times 7 + 27.5 \times 4)$$
$$= \frac{1}{50} \times 765 = 15.3\ (\text{分})$$

(3) モードは、度数が最も多い 15〜20 の階級（階級値 17.5）

(4) データの大きさは $n = 50$ で偶数だから式 (4.4) より、中央値 M は、
25 番目と 26 番目のどちらも含まれる 15〜20 の階級値 $M = 17.5$
（15〜20 の階級）

(5) (4) より　$Q_2 = M = 17.5$ (分)
Q_1 は、Q_2 より小さいデータの 25 個の中央値だから、13 番目が含まれる 10〜15 の階級値 $Q_1 = 12.5$ （10〜15 の階級）
Q_3 は、Q_2 より大きいデータの 25 個の中央値だから、38 番目が含まれる 15〜20 の階級値 $Q_3 = 17.5$（15〜20 の階級） □

量的データの度数を視覚的に表現するときには、**ヒストグラム** が用いられる。

ヒストグラムは、例 4.2 のデータから作成した図 4.2 のように横軸に変数の値をとり、それぞれの階級の区間上に**面積が度数と比例**するように長方形（柱）を描いたものである。棒グラフに似ているが、コンセプトが違うので、隣り合った階級に対する長方形（柱）の間は空けないことに注意しよう。

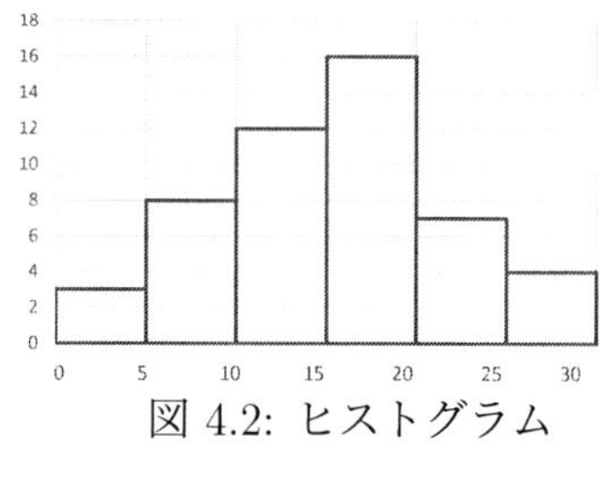

図 4.2: ヒストグラム

ヒストグラムを作成するとき、データにより階級幅が違う階級が存在する場合には、度数とヒストグラムの長方形の面積が比例するように、長方形の高さを調整する。例えば、図 4.3（ 出典：総務省統計局*）では、横軸の階級幅 100 万円の場合で、縦軸の目盛りが付けられている。横軸は、途中から階級幅が 200 万円になり、100 万円の 2 倍になっているの

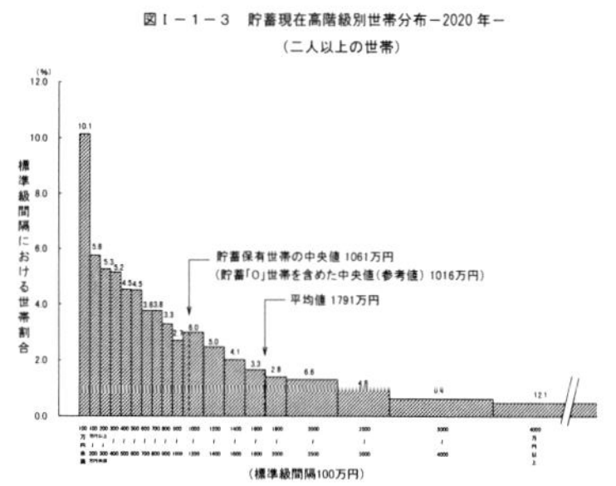

図 4.3: 家計調査年報

*https://www.stat.go.jp/data/sav/sokuhou/nen/index.html より抜粋

で、縦軸の目盛りにおいて、その階級の高さは $\frac{1}{2}$ に調整されている。

度数分布表を作成する場合、階級の幅を適切なものに設定することが大切である。階級幅小さ過ぎれば各階級の度数小さくなり、全体的な傾向がつかみづらくなる。また、階級幅大き過ぎれば各階級の度数大きくなり、細かな分布の形状が見つけづらくなる。これらは、データにより様々であるので、一概に決めることはできないが、階級数の目安として、Sturges(スタージェス)の公式がある。これは、データの大きさ N に対して階級数は $(\log_2 N + 1)$ 以上の最小の整数とするものである。このSturges(スタージェス)の公式により、階級数が決まれば、それに従って階級幅も決まることになる。

4.3.3　データの散布度

観測値からなるデータの散らばりの程度、すなわち、散布度を数値化しよう。

※ 散らばり方の考察などは、確率論の確率変数、確率分布と同様に考察できる部分が多い（第3.1節、第3.2節参照）。

データの散布度が小さいというのは、数値が密集していると考え、密集する値の目安として平均値 $\bar{x}$ を考える。つまり、平均値の近くに密集していれば、散布度は小さいというわけである。これは、平均値からの**変動** の大きさを表すことになり、式 (4.2) の偏差（平均値からの差）を計算することになる。

しかしながら、式 (4.3) で示したように、どんなデータでも偏差の合計は 0 である。そこで、偏差を正の数になるように 2 乗して、変動、分散を定義する。

変動、および分散は、データの散布度を表す指標として意味があることは上述の通りである。ただ、現実的に応用する場合、単位を考慮する必要があるだろう。

例えば、調査した人の年齢を X とすると、X の単位は“歳”であり、平均値 $\bar{x}$ の単位も“歳”である。したがって、偏差 $X - \bar{x}$ の単位は“歳”である。そうすると、偏差の 2 乗 $(X - \bar{x})^2$ の単位は“歳^2”となってしまう。これでは、元のデータの単位と一致しないし、そもそも単位“歳^2”の解釈が難しい。

そこで、分散の正の平方根であれば、その単位は標本空間の単位と一致することを利用して、標準偏差を定義する。

定義 69 (データの変動・分散・標準偏差)
n 個からなるデータ $\{X; x_1, \ldots, x_n\}$ に対し、X の期待値が $\bar{x}$ であるとき、X の **変動 (Variation)** を $v[X]$ で表し、X の **分散 (Variance)** を $V[X]$, または σ^2 で表し、X の **標準偏差 (Standard deviation)** を $\sigma[X]$, または σ で表し、次のように定義する。

$$v[X] = \sum_{k=1}^{n} (x_k - \bar{x})^2 = (x_1 - \bar{x})^2 + \cdots + (x_n - \bar{x})^2 \tag{4.6}$$

$$\sigma^2 = V[X] = \frac{1}{n} \sum_{k=1}^{n} (x_k - \bar{x})^2 = \frac{1}{n} v[X] \tag{4.7}$$

$$\sigma = \sigma[X] = \sqrt{V[X]} = \sqrt{\frac{1}{n} \sum_{k=1}^{n} (x_k - \bar{x})^2} \tag{4.8}$$

※ (4.1), (4.7) より、$V[X] = E[(X - \bar{x})^2]$ と表せる。

標準偏差 σ は、X と同じ単位で、データの散布度を表す 1 つの指標である。標準偏差の示す散布度について、いろいろなデータがあるので一概には言えないが、大まかな散らばりの程度として

$$\bar{x} - \sigma \text{ 以上 } \bar{x} + \sigma \text{ 以下の範囲が、全体のデータの } \frac{2}{3}$$

であることが知られている。すなわち、平均値から ± 標準偏差の範囲が全体のおおよそ $\frac{2}{3}$ を占めるということである。これにより、標準偏差を求めれば、全体のデータのおおよそ $\frac{2}{3}$ が含まれる範囲を知ることができる。

平均値、分散、標準偏差については、次の定理が成立する。

定理 70
n 個からなるデータ $\{x_1, \ldots, x_n\}$ に対し、a, b を定数、$\varphi(x)$ を x の関数とするとき、次が成立する。

(1) $E[a\varphi(X)+b]=aE[\varphi(X)]+b$, 特に $E[aX+b]=aE[X]+b$

(2) $V[a\varphi(X)+b]=a^2V[\varphi(X)]$, 特に $V[aX+b]=a^2V[X]$

(3) $V[a\varphi(X)+b]=a^2E[\varphi(X)^2]-(aE[\varphi(X)])^2$,
特に $V[X]=E[X^2]-E[X]^2$

(4) $\sigma[a\varphi(X)+b]=|a|\sigma[\varphi(X)]$, 特に $\sigma[aX+b]=|a|\sigma[X]$

証明　定理47の証明において、$p_k=\dfrac{1}{n}$ $(k=1,2,\ldots,n)$ とすれば、示すことができる。□

例題 4.3

5個からなるデータ { 30, 57, 93, 39, 81 } について、次を求めなさい。

(1) 平均値 $\bar{x}$　(2) 変動 v　(3) 分散 σ^2　(4) 標準偏差 σ

解答　表を作成して計算してみる。

	データ	偏差	偏差の2乗	(別解) データの2乗
1	30	−30	900	900
2	57	−3	9	3249
3	93	33	1089	8649
4	39	−21	441	1521
5	81	21	441	6561
合計	300	0	2880	20880
平均	60	0	576	4176
平方根	—	—	24	—

表より、(1) $\bar{x}=60$　(2) $v=2880$　(3) $\sigma^2=576$　(4) $\sigma=24$

【別解】　定理70を適用して分散 σ^2 を求める。

(3) $\sigma^2=E[X^2]-E[X]^2=4176-60^2=576$ □

度数分布表から分散や標準偏差を求めるときは、元のデータの値がわからないので、平均値と同様に、階級値を用いて求めることになる。

例 31 124 ページの例題 4.2 の度数分布表から分散や標準偏差を求めよう。

表を作成して計算してみる。例題 4.2 (3) より平均値 $\bar{x} = 15.3$

階級（分）以上 未満	階級値	度数	偏差	偏差 2 乗	偏差 2 乗と度数の積
0〜5	2.5	3	−12.8	163.84	491.52
5〜10	7.5	8	−7.8	60.84	486.72
10〜15	12.5	12	−2.8	7.84	94.08
15〜20	17.5	16	2.2	4.84	77.44
20〜25	22.5	7	7.2	51.84	362.88
25〜30	27.5	4	12.2	148.84	595.36
計	—	50	—	—	2108
平均	—	—	—	—	42.16

表より、分散は 42.16、標準偏差は $\sqrt{42.16} \fallingdotseq 6.49$ である。 □

例題 4.4

ある 50 人の試験から次の結果（単位は点）を得た。

最低点	最高値	得点の総和	得点の 2 乗和
19	95	3000	190000

この結果から次の値を求めなさい。ただし、求められない値もある。

(1) 平均値 $\bar{x}$ (2) メジアン M (3) 分散 σ^2

解答

(1) 平均値は、得点の総和をデータの大きさで割ると求められる。データの大きさは、データの総個数だから、試験を受けた $n = 50$ である。よって、

$$\bar{x} = 3000 \div 50 = 60 \text{ (点)}$$

(2) メジアンは、50 人の得点を大きさの順に並べ替えたとき、中央に位置する値だから、このデータからは求められない。

(3) 分散は、(1) と定理 70 (2) より、$\sigma^2 = 190000 \div 50 - 60^2 = 200$ □

4.3.4 変数の標準化

様々なデータが存在し、それを現実的に利用する場合は、変数に単位が伴う。例えば、ある試験の点数を X とすれば、X の単位は“点”である。単位が違う場合の確率分布をそのまま比較するのは、その解釈が難しいのは当然であるが、単位が同じ場合でも、例えば、国語と数学の点数の比較が難しい。

このような場合、変数を統一した基準で比較することができるようにするのが、**標準化** である。

定理 71 (標準化)
変数 X のデータの平均値を $\bar{x}$、標準偏差を σ とするとき、

$$Z = \frac{X - \bar{x}}{\sigma} \tag{4.9}$$

とおくと、Z の期待値 $E[Z]$、分散 $V[Z]$、標準偏差 $\sigma[Z]$ について次が成立する：

$$E[Z] = 0, \quad V[Z] = 1, \quad \sigma[Z] = 1 \tag{4.10}$$

証明
定理 70 より、確率変数の標準化についての定理 57 の証明と同様にして、示すことができる。 □

上記の定理 71により、どんな変数 X のデータも式 (4.9) により標準化すれば、変数 Z の平均値は 0、標準偏差と分散は 1 となってしまう。このときの Z の単位は無い。こうして、無名数の変数 Z のデータにより、いろいろと比較しやすくなるのである。

例題 4.5

A 君は定期試験の結果、国語が 60 点、社会が 70 点だった。学年全体の結果は、国語は平均 50 点、標準偏差 5 点、社会は平均 50 点、標準偏差 20 点であった。このとき A 君は、国語と社会ではどちらの方が、学年順位が高いと予想できるだろうか？

解答 国語と社会では分野が違うので、比較が困難であるが、式 (4.9) を用いて、標準化した数値で比較する。

国語は（60 − 50）÷ 5 = 2、 社会は（70 − 50）÷ 20 = 1

これより、一般に、標準化した数値が大きい国語の方が社会よりも学年順位が高いと予想できる。 □

定理 71により、どんな変数 X のデータも式 (4.9) により標準化すれば、変数 Z の平均値は $\bar{z} = E[Z] = 0$、分散は $V[Z] = 1$、標準偏差 $\sigma[Z] = 1$ となってしまうことがわかった。これを利用して、a, b を定数として、

$$Y = aZ + b$$

とすれば、変数 Y の平均値は $\bar{y} = E[Y] = b$, 分散は $V[Y] = a^2$、標準偏差は $\sigma[Y] = |a|$ になる。

実際、定理 70 により

$$\bar{y} = E[Y] = E[aZ + b] = aE[Z] + b = a \times 0 + b = b$$
$$V[Y] = V[aZ + b] = a^2 V[Z] = a^2 \times 1 = a^2$$
$$\sigma[Y] = \sigma[aZ + b] = |a|\sigma[Y] = |a|$$

がわかる。このことから、平均値、分散、標準偏差は、都合がよい数値に加工・変換することができ、その変換の式を用いてデータ全体も変換できる。こうして、試験でよく使われる **偏差値** は、平均を 50、標準偏差を 10 となるように、試験のデータを変換して得られた数値なのである。したがって、50 ± 10 の範囲、すなわち偏差値が 40〜60 の範囲に試験の受験者のおよそ $\frac{2}{3}$ が含まれると考えられ、偏差値がわかれば、全体における本人の位置が、おおよそ推測できるということになる。

4.4 2変数のデータ

4.4.1 散布図と相関関係

ここでは、2つの量的変数 X, Y を同時に考察し、その関係を調べよう。例えば、身長と体重の関係などである。このように、2つの変数で1組と考えられるので、2変数は (X, Y) と表す。

2変数 (X, Y) のデータ

$$\{(x_1, y_1), \ldots, (x_n, y_n)\}$$

について考察するとき、X の値を横軸（x 軸)、Y の値を縦軸（y 軸）に対応させて、図を描くことができる。これを **散布図** と呼ぶ。散布図は、量的データの分析には欠かせない手法である。

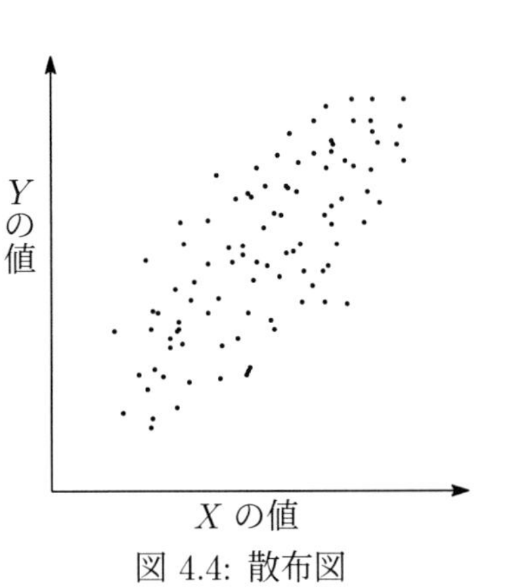

図 4.4: 散布図

散布図において、一方の変数の値が増えたときに、他方の変数の値も増える傾向にある場合、X と Y には **正の相関関係** があるといい、逆に、一方の変数の値が増えたときに、他方の変数の値は減る傾向にある場合、X と Y には **負の相関関係** があるという。また、そのような傾向がみられない場合は、 **無相関** 、または **相関関係がない** という。

それぞれの散布図は、X, Y の平均値を基準線として描くと、下図のようになる。

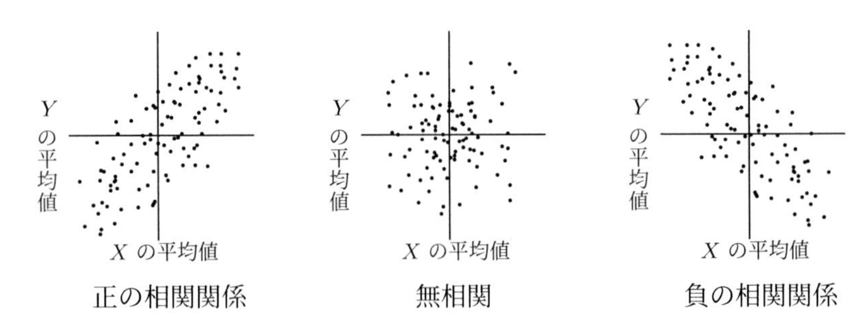

正の相関関係の例では、身長と体重の関係が挙げられる。身長が高いほど体重が重くなる傾向があるので、すなわち、一方の値が増えたとき他方の値も増える傾向にある。負の相関関係の例では、価格と販売量で、価格が高くなると販売量が減る傾向がある商品が挙げられる。すなわち、一方の値が増えたとき他方の値は減る傾向にある。無相関の例では、大小 2 個のさいころを投げるときの目の値が挙げられる。この場合、離散データであるので、投げるたびに 36 個の点のどこかに当てはまることになり、散布図を描くと、36 個の点だけである。大きいさいころの目が大きくなると、小さいさいころの目が大きくなることも小さくなることもない。

4.4.2 共分散・相関係数

2 変数 (X,Y) の相関関係を数値で表すことを考えよう。この場合、正の相関は正の数、負の相関は負の数、無相関は 0 に近い数で表したいと考えるのは自然である。

132ページの 3 つの相関関係を表した散布図をみてみると、平均値で分けられた 4 つの領域（右上・右下・左上・左下）に、2 変数 (X,Y) の対応された点が描かれている。そうすると、やはり目安は平均値であり、平均値からの差、すなわち偏差に注目する。X, Y のそれぞれの偏差の符号について考えると、右上は $(+,+)$, 右下は $(+,-)$, 左上は $(-,+)$, 左下は $(-,-)$ と表せる。ここで、描かれた点は、正の相関では右上 $(+,+)$, 左下 $(-,-)$ が多く、負の相関では右下 $(+,-)$, 左上 $(-,+)$ が多く、無相関は満遍なく全体的にある。このとき、偏差の積の符号を考えれば、右上 $(+,+)$, 左下 $(-,-)$ より積の符号は正、右下 $(+,-)$, 左上 $(-,+)$ より積の符号は負である。無相関は満遍なく全体的にあることを踏まえると、偏差の積の和を計算すると、正の相関は正の数、負の相関は負の数、無相関は 0 に近い数で表せそうである。ただ、和は、足し算の個数に左右してしまうので、和ではなく平均を考える方が応用が利きそうである。以上のことから、次の共分散が定義される。

定義 72 (共分散 (covariance))
2 変数 (X,Y) の n 個からなるデータ $\{(x_1,y_1),\ldots,(x_n,y_n)\}$ に対し、X, Y

のそれぞれの平均値を $\bar{x}, \bar{y}$ とするとき、そのデータの **共分散** を σ_{xy} で表し、次のような式で定義する。

$$\sigma_{xy} = \frac{1}{n}\sum_{k=1}^{n}(x_k - \bar{x})(y_k - \bar{y}) = E[(X - \bar{x})(Y - \bar{y})] \tag{4.11}$$

※ X, Y の共分散は、X の偏差と Y の偏差の積の平均値のことである。

共分散については、次の定理が成立する。

定理 73

2 変数 (X, Y) の n 個からなるデータ $\{(x_1, y_1), \ldots, (x_n, y_n)\}$ に対し、X, Y のそれぞれの平均値を $\bar{x}, \bar{y}$ とし、共分散を σ_{xy} とする。a, b, c を定数とするとき、次が成立する。

(1) $\sigma_{xy} = E[XY] - \bar{x}\bar{y} = E[XY] - E[X]E[Y]$

(2) $V[aX + bY + c] = a^2V[X] + 2ab\,\sigma_{xy} + b^2V[Y]$

証明 定理 70 を適用する。

(1)
$$\begin{aligned}
\sigma_{xy} &= E[(X - \bar{x})(Y - \bar{y})] \\
&= E[XY - \bar{x}Y - X\bar{y} + \bar{x}\bar{y}] \\
&= E[XY] - \bar{x}E[Y] - E[X]\bar{y} + \bar{x}\bar{y} \\
&= E[XY] - \bar{x}\bar{y} - \bar{x}\bar{y} + \bar{x}\bar{y} \\
&= E[XY] - \bar{x}\bar{y}
\end{aligned}$$

(2) $Z = aX + bY$ とおくと、

$$V[aX + bY + c] = V[Z + c] = V[Z] = E[Z^2] - E[Z]^2$$

$$= E[(aX + bY)^2] - E[aX + bY]^2$$

$$= E[a^2X^2 + 2abXY + b^2Y^2] - (aE[X] + bE[Y])^2$$

$$= a^2E[X^2] + 2abE[XY] + b^2E[Y^2] - (a^2E[X]^2 + 2abE[X]E[Y] + b^2E[Y]^2)$$

$$= a^2(E[X^2] - E[X]^2) + 2ab(E[XY] - E[X]E[Y]) + b^2(E[Y^2] - E[Y]^2)$$

$$= a^2V[X] + 2ab\,\sigma_{xy} + b^2V[Y]$$

□

さて、共分散の単位は、定義式より X の単位と Y の単位の積になる。例えば、X が身長 (cm) 、Y が体重 (kg) であれば、X, Y の共分散 σ_{xy} の単位は cm・kg になってしまう。これでは、σ_{xy} の解釈が難しい。そこで、無名数である相関係数を定義する。

定義 74 (相関係数 (correlation coefficient))
2 変数 (X, Y) の n 個からなるデータ $\{(x_1, y_1), \ldots, (x_n, y_n)\}$ に対し、X, Y のそれぞれの標準偏差を σ_x,σ_y とし、X, Y の共分散を σ_{xy} とするとき、X, Y の **相関係数** を r_{xy} で表し、次のような式で定義する。

$$r_{xy} = \frac{\sigma_{xy}}{\sigma_x \sigma_y} \tag{4.12}$$

※ 相関係数は、X と Y の標準偏差の積に対する割合のことである。

相関係数についての性質を証明するために、Cauchy（コーシー） - Schwarz（シュワルツ） の不等式を紹介しよう。

定理 75 (Cauchy（コーシー） - Schwarz（シュワルツ） の不等式)
実数 $a_1 \ldots, a_n, b_1, \ldots, b_n$ に対し次の不等式が成立する。

$$\left(\sum_{k=1}^{n} a_k b_k\right)^2 \leqq \left(\sum_{k=1}^{n} a_k^2\right)\left(\sum_{j=1}^{n} b_j^2\right) \tag{4.13}$$

証明　すべての a_k が $a_k = 0$ $(k = 1, 2, \ldots, n)$ ならば自明であるので、a_k のうち少なくとも 1 つは 0 でないとする。

任意の実数 t に対し、$(a_k t + b_k)^2 \geqq 0$ $(k = 1, 2, \ldots, n)$ だから、

$$\sum_{k=1}^{n}(a_k t + b_k)^2 \geqq 0, \quad \sum_{k=1}^{n}(a_k^2 t^2 + 2a_k b_k t + y_b^2) \geqq 0$$

これより

$$\left(\sum_{k=1}^{n} x_a^2\right) t^2 + 2\left(\sum_{k=1}^{n} a_k b_k\right) t + \left(\sum_{j=1}^{n} b_j^2\right) \geqq 0 \tag{4.14}$$

がすべての実数 t について成立する。

今、t^2 の係数は、$\displaystyle\sum_{k=1}^{n} a_k^2 > 0$ だから、不等式 (4.14) がすべての実数 t について成立する条件は、

$$\left(\sum_{k=1}^{n} a_k b_k\right)^2 - \left(\sum_{k=1}^{n} a_k^2\right)\left(\sum_{j=1}^{n} b_j^2\right) \leqq 0$$

であることより、不等式 (4.13) が成立することがわかる。 □

Cauchy（コーシー）- Schwarz（シュワルツ）の不等式より、次の相関係数の性質がわかる。

定理 76
2変数 (X, Y) の n 個からなるデータ $\{(x_1, y_1), \ldots, (x_n, y_n)\}$ における (X, Y) の相関係数 r_{xy} に対して、次が成立する。

$$(1) r_{xy} = r_{yx} \qquad (2) -1 \leqq r_{xy} \leqq 1 \qquad (4.15)$$

※ (1) は2つの変数を入替えても相関係数は変わらないことを表している。

証明　(1) 共分散の定義 72 と相関係数の定義 74 より、X, Y の部分を入替ても値は変わらないことがわかる。

(2) 定理 75 のCauchy（コーシー）- Schwarz（シュワルツ）の不等式の両辺を n^2 で割って、

$$\left(\frac{1}{n}\sum_{k=1}^{n} a_k b_k\right)^2 \leqq \left(\frac{1}{n}\sum_{k=1}^{n} a_k^2\right)\left(\frac{1}{n}\sum_{j=1}^{n} b_j^2\right)$$

が得られる。ここで、$a_k = x_k - \bar{x}, b = k = y_k - \bar{y}$ とおくと、

$$\left(\frac{1}{n}\sum_{k=1}^{n}(x_k - \bar{x})(y_k - \bar{y})\right)^2 \leqq \left(\frac{1}{n}\sum_{k=1}^{n}(x_k - \bar{x})^2\right)\left(\frac{1}{n}\sum_{j=1}^{n}(y_k - \bar{y})^2\right)$$

よって、標準偏差、共分散、相関係数の定義より、

$$(\sigma_{xy})^2 \leqq (\sigma_x^2)\,(\sigma_y)^2) \;\Leftrightarrow\; \left(\frac{\sigma_{xy}}{\sigma_x \sigma_y}\right)^2 \leqq 1 \;\Leftrightarrow\; r^2 \leqq 1 \;\Leftrightarrow\; -1 \leqq r \leqq 1$$

□

相関係数については、相関関係を表す 1 つの数値であり、定理 76 より、-1 より小さい値や 1 を超える値はとらない、つまり、-1 以上で 1 以下の値をとる。相関係数が -1 に近いほど負の相関が強く、1 に近いほど正の相関が強く、0 に近いほど無相関である。散布図の様子は、次のような状況となる。

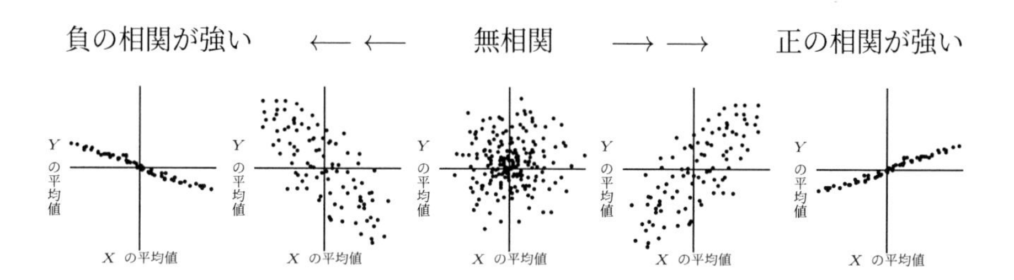

X, Y の相関係数が 1、または -1 に近い値であるときは、散布図は、直線に近い図となる。相関関係は、2 つの変数における直線的な関係のことであり、曲線的関係が存在（例えば、2 次曲線、円状に分布）しても、相関係数が 0 に近い値になることがある。つまり、X, Y が無相関ということは、X, Y に直線的な関係が存在しないということあって、何も関係がないというわけではないことに注意する。

さて、$a,\ b,\ c,\ d$ を定数とするとき、変数 $X,\ Y$ に対し、$U = aX + b$, $V = cY + d$ としたら、U, V の相関係数 r_{uv} はどうなるのだろう？

共分散、および相関係数の定義と定理 73 より

$$\begin{aligned} r_{uv} &= \frac{E[UV] - E[U]E[V]}{\sigma[U]\sigma[V]} = \frac{E[(aX+b)(cY+d)] - E[aX+b]E[cY+d]}{\sigma[aX+b]\sigma[cY+d]} \\ &= \frac{E[acXY + adX + bcY + bd] - (acE[X]E[Y] + adE[X] + bcE[Y] + bd)}{|a|\sigma[X]\,|c|\sigma[Y]} \\ &= \frac{ac(E[XY] - E[X]E[Y])}{|ac|\sigma[X]\sigma[Y]} \\ &= \frac{ac}{|ac|}\frac{\sigma_{xy}}{\sigma_x\sigma_y} = \frac{ac}{|ac|}r_{xy} \end{aligned}$$

が得られる。

では、X, Y のデータを標準化したら、標準化後のデータの共分散や相関係数はどうなるのだろう？

2変数 (X, Y) の n 個からなるデータ $\{(x_1, y_1), \ldots, (x_n, y_n)\}$ に対し、X, Y の相関係数を r_{xy} とし、それぞれの標準化を

$$U = \frac{X - \bar{x}}{\sigma_x}, \quad V = \frac{Y - \bar{y}}{\sigma_y} \quad \left(u_k = \frac{x_k - \bar{x}}{\sigma_x}, \quad v_k = \frac{y_k - \bar{y}}{\sigma_y} \right)$$

とすると、定理71より $\bar{u} = 0$, $\sigma_u = 1$, $\bar{v} = 0$, $\sigma_v = 1$ が成立する。このとき、標準化後のデータの相関係数 r_{uv} について、共分散、および相関係数の定義と定理70より

$$\begin{aligned}
r_{uv} &= \frac{\sigma_{uv}}{\sigma_u \sigma_v} = \frac{\sigma_{uv}}{1 \times 1} \\
&= \sigma_{uv} \\
&= E[(U - \bar{u})(V - \bar{v})] = E[(U - 0)(V - 0)] = E[UV] \\
&= E[\left(\frac{X - \bar{x}}{\sigma_x} \right) \left(\frac{Y - \bar{y}}{\sigma_y} \right)] = \frac{1}{\sigma_x \sigma_y} E[(X - \bar{x})(Y - \bar{y})] \\
&= \frac{1}{\sigma_x \sigma_y} \sigma_{xy} = r_{xy}
\end{aligned}$$

がわかる。以上をまとめて、次の定理を得る。

定理 77

a, b, c, d を定数とし、変数 X, Y に対し、$U = aX + b$, $V = cY + d$ とするとき、2変数 X, Y のデータの相関係数 r_{xy} と、U, V の相関係数 r_{uv} について、次が成立する。

$$\begin{cases} a, c \text{ が同符号のとき}, & r_{xy} = r_{uv} \\ a, c \text{ が異符号のとき}, & r_{xy} = -r_{uv} \end{cases} \tag{4.16}$$

※ 元のデータに正の数を掛けたり、定数を加えたりして変換しても、
　　相関係数は変化せず、同じ値である。

特に、X, Y の標準化、すなわち

$$U = \frac{X - \bar{x}}{\sigma_x}, \quad V = \frac{Y - \bar{y}}{\sigma_y} \quad \left(u_k = \frac{x_k - \bar{x}}{\sigma_x}, \quad v_k = \frac{y_k - \bar{y}}{\sigma_y} \right)$$

とするとき、

$$r_{xy} = r_{uv} = \sigma_{uv} \tag{4.17}$$

が成立する。

※ 相関係数は、データを標準化しても変化しない。

さらに、標準化後の共分散 σ_{uv} とも同じ値である。

例題 4.6

商品の広告費 X（百万円）とその売上高 Y（億円）のデータ

$$\text{A}(55, 80),\ \text{B}(70, 97),\ \text{C}(75, 89),\ \text{D}(85, 101),\ \text{E}(65, 83)$$

について、(X, Y) の相関係数 r_{xy} を求めなさい。

解答　広告費 X（百万円）とその売上高 Y（億円）のデータから、表を作成して計算する。

	広告費（百万円）	広告費の偏差	広告費の偏差平方	売上高（億円）	売上高の偏差	売上高の偏差平方	2 つの偏差積
A	55	−15	225	80	−10	100	150
B	70	0	0	97	7	49	0
C	75	5	25	89	−1	1	−5
D	85	15	225	101	11	121	165
E	65	−5	25	83	−7	49	35
合計	350	0	500	450	0	320	345
平均	70	0	100	90	0	64	69
平方根	—	—	10	—	—	8	—

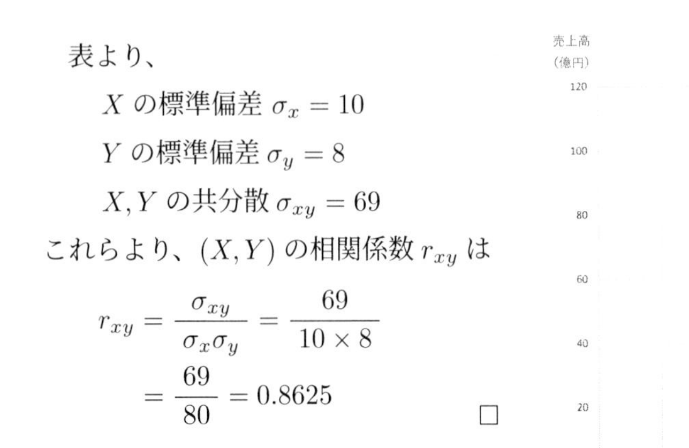

表より、

X の標準偏差 $\sigma_x = 10$

Y の標準偏差 $\sigma_y = 8$

X, Y の共分散 $\sigma_{xy} = 69$

これらより、(X, Y) の相関係数 r_{xy} は

$$r_{xy} = \frac{\sigma_{xy}}{\sigma_x \sigma_y} = \frac{69}{10 \times 8} = \frac{69}{80} = 0.8625$$

□

4.4.3 相関関係の注意

2つの量的変数 X, Y を同時に考察し、その関係を調べるために、散布図を描くと、相関関係が視覚的に捉えられる。次の例を考えよう。

例 32 飲料メーカーのA社とK社の同種のドリンクの売上高を30都市で調査したデータである。

都市番号	売上A社	売上K社	都市番号	売上A社	売上K社	都市番号	売上A社	売上K社
1	17.7	14.8	11	17.6	26.2	21	35.9	32.1
2	11.6	13.0	12	29.0	30.2	22	31.4	43.5
3	15.4	20.3	13	24.2	22.5	23	30.1	34.2
4	12.8	22.1	14	19.4	35.3	24	39.7	45.5
5	21.6	14.5	15	22.1	30.2	25	30.4	39.7
6	10.1	17.6	16	14.2	33.8	26	27.3	49.1
7	9.5	24.7	17	25.8	37.9	27	3.08	40.3
8	5.7	19.8	18	32.7	27.2	28	41.2	35.2
9	7.4	27.8	19	15.9	40.5	29	24.5	43.6
10	15.8	10.5	20	29.9	19.6	30	45.1	38.6

（売上単位：億円）

2社の同種のドリンクは**競合するので、**一方の売上が増えれば、他方の売上は減少することが予想される。つまり、**負の相関関係**が予想される。

散布図を作成した右の図を見ると、データはやや右上がりに分布していることがわかる。実際相関係数を計算すると、0.573 であり、正の相関関係があるように思われる。予想では、負の相関関係があると思われていただけに、その**逆の正の相関関係をこのデータの相関係数の数値**が示している。**予想は外れたのかな？**

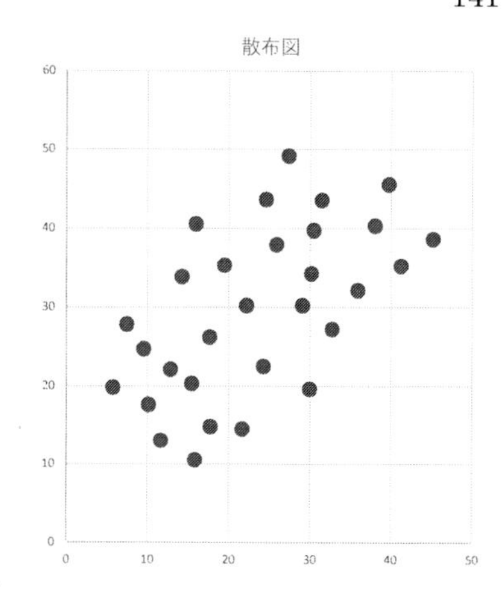

ここで扱っているのは、**売上高**であり、それを**各都市毎に集計したデータ**であることに注意しよう。

そうすると、人口が多い都市での売り上げが多くなることは、容易に推測される。そこで、30 都市を人口規模をもとに 3 つのグループ (小・中・大) に分け、そのデータから散布図を作成してみよう。

都市番号	1	2	3	4	5	6	7	8	9	10
人口	144	184	157	168	199	133	125	101	138	178

都市番号	11	12	13	14	15	16	17	18	19	20
人口	208	368	361	208	256	342	333	329	388	392

都市番号	21	22	23	24	25	26	27	28	29	30
人口	594	441	409	550	468	370	437	546	457	591

（人口単位：千人）

右図のような複数のグループをまとめた散布図は**層別散布図**と呼ばれる。

層別散布図の 3 つのグループを別々にみると、右下がりに分布しており、実際、A 社と K 社の相関係数を計算すると、

大グループの相関係数：−0.355

中グループの相関係数：−0.506

小グループの相関係数：−0.596

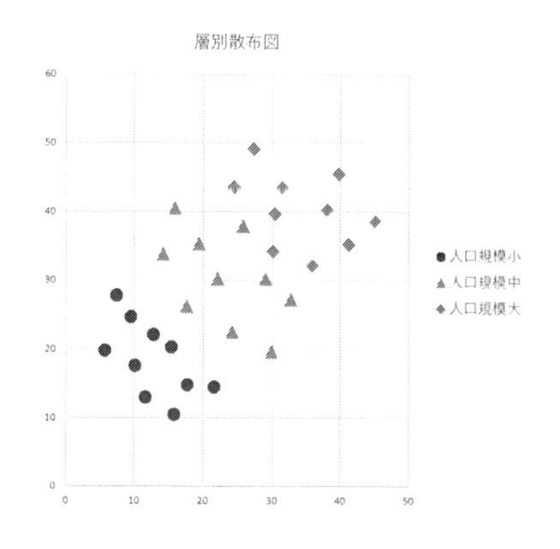

都市の人口が少なくなるほど、相関関係が強くなる傾向があることがわかる。

上記の例32のように、調べたい2変数 X, Y それぞれと相関関係がある変数 Z が存在すると、X, Y に相関関係が見られるという現象は、**擬相関**、**擬似相関**または**見かけの相関**と呼ばれる。また、原因となる Z は、**第3の変数**と呼ばれる。

上記の例32のように、第3の変数 Z のデータ（人口）が得られている場合は、その影響を取り除く方法として、層別（グループ分け）がある。第3の変数の値（人口）により、同じような値だけで比較する方法である。調べたい変数以外は同じ状況にするのが基本であり、そうして、第3の変数の影響を取り除くのである。その他にも、いくつかの方法があるので、興味があれば調べてみよう。

第3の変数のデータが得られてない場合は、調整できないので、調査企画を綿密にすることが重要である。

その他、相関関係について、よく勘違いしてしまうことが、**因果関係**である。原因と結果の関係が因果関係であるが、相関関係は必ずしもそういう関係を表してはいない。因果関係を判断するには、明確な根拠を示すための考察・研究が必要である。

4.4.4　最小2乗回帰直線

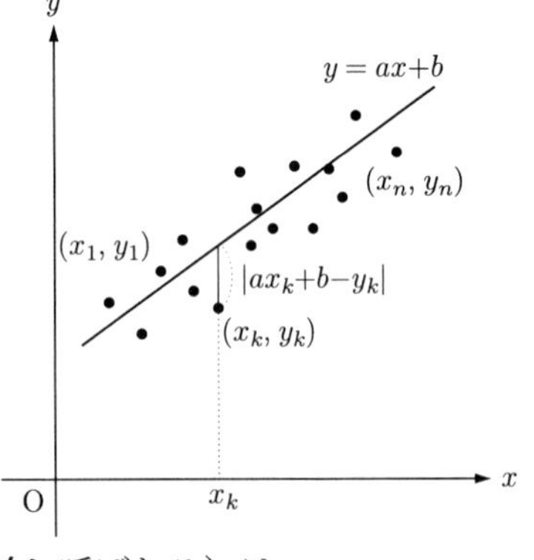

相関関係は、2つの変数 X, Y における直線的な関係のことである。では、2つの変数 X, Y に関する n 組のデータ $(x_1, y_1), \ldots, (x_n, y_n)$ に相関関係があるとき、どのような直線の式 $y = ax + b$ で表せるのだろうか？

各データ (x_k, y_k) に対し、$x = x_k$ のとき直線 $y = ax + b$ 上の y 座標は $y = ax_k + b$ だから、その y 座標の差（**残差**と呼ばれる）は、

$$\text{残差：}\ ax_k + b - y_k$$

である。図（上図参照）で残差の絶対値 $|ax_k + b - y_k|$ は、$x = x_k$ のときの 2 点の距離として表せる。

相関関係を表す直線の式 $y = ax + b$ を求めるには、残差は、負の場合もあるので、2 乗して 0 以上の数にして、その和

$$\sum_{k=1}^{n}(ax_k + b - y_k)^2$$

が最小となるような直線を求めればよい。この和は**最小 2 乗推定量** と呼ばれている。この最小 2 乗推定量

$$E(a, b) = \sum_{k=1}^{n}(ax_k + b - y_k)^2 \tag{4.18}$$

を最小にするような a と b を選ぶことによって得られる直線 $y = ax + b$ は、統計でよく使われていて、この直線を**最小 2 乗回帰直線**と呼ばれる。このような直線は、データから得られる線形的数学的モデルと言われる。

最小 2 乗回帰直線を求めるためには、式 (4.18) の $E(a, b)$ が最小になるように、2 つの定数 a, b を決定すればよい。

定理 70 (2) より $\sigma_x^2 = V[X] = E[X^2] - E[X]^2 = \dfrac{1}{n}\displaystyle\sum_{k=1}^{n} x_k^2 - \bar{x}^2$ だから

$$\sum_{k=1}^{n} x_k^2 = n(\sigma_x^2 + \bar{x}^2)、同様に \quad \sum_{k=1}^{n} y_k^2 = n(\sigma_y^2 + \bar{y}^2)$$

が成立する。

また、相関係数の定義式 (4.12) と定理 73 (1) より

$$\begin{aligned} r_{xy}\sigma_x\sigma_y &= \sigma_{xy} \\ &= E[XY] - \bar{x}\bar{y} \\ &= \frac{1}{n}\sum_{k=1}^{n} x_k y_k - \bar{x}\bar{y} \end{aligned}$$

だから、$\displaystyle\sum_{k=1}^{n} x_k y_k = n(r_{xy}\sigma_x\sigma_y + \bar{x}\bar{y})$ である。

よって、

$$
\begin{aligned}
E(a,b) &= \sum_{k=1}^{n}(ax_k+b-y_k)^2 \\
&= \sum_{k=1}^{n}(a^2x_k^2+b^2-y_k^2+2abx_k-2by_k-2ax_ky_k) \\
&= a^2\sum_{k=1}^{n}x_k^2+\sum_{k=1}^{n}b^2+\sum_{k=1}^{n}y_k^2+2ab\sum_{k=1}^{n}x_k-2b\sum_{k=1}^{n}y_k-2a\sum_{k=1}^{n}x_ky_k \\
&= a^2n(\sigma_x^2+\bar{x}^2)+nb^2+n(\sigma_y^2+\bar{y}^2)+2abn\bar{x}-2bn\bar{y}-2an(r_{xy}\sigma_x\sigma_y+\bar{x}\bar{y}) \\
&= n(a\sigma_x-r_{xy}\sigma_y)^2+n(a\bar{x}+b-\bar{y})^2+n\sigma_y^2(1-r_{xy}^2)
\end{aligned}
$$

これより、$E(a,b)$ が a,b に関して最小になるのは、2乗の項が0になるとき、すなわち、

$$
\begin{cases}
a\sigma_x - r_{xy}\sigma_y = 0 \\
a\bar{x}+b-\bar{y}=0
\end{cases}
$$

のときである。

以上より、次の定理が得られる。

定理 78 (最小 2 乗回帰直線)

2つの変数 X, Y に関する n 組のデータ $(x_1,y_1),\ldots,(x_n,y_n)$ から得られる最小2乗回帰直線 $y=ax+b$ の a,b は、

$$
\begin{cases}
a=\dfrac{r_{xy}\sigma_y}{\sigma_x}=\dfrac{\sigma_{xy}}{\sigma_x^2}=\dfrac{E[XY]-\bar{x}\bar{y}}{V[X]}=\dfrac{n\displaystyle\sum_{k=1}^{n}x_ky_k-\sum_{k=1}^{n}x_k\cdot\sum_{k=1}^{n}y_k}{n\displaystyle\sum_{k=1}^{n}x_k^2-\left(\sum_{k=1}^{n}x_k\right)^2} \\
b=\bar{y}-a\bar{x}=\dfrac{1}{n}\left(\displaystyle\sum_{k=1}^{n}y_k-a\sum_{k=1}^{n}x_k\right)
\end{cases}
\tag{4.19}
$$

で与えられる。

例題 4.7

商品の広告費 X（百万円）とその売上高 Y（億円）のデータ (X, Y)：

$$\mathrm{A}(55, 80),\ \ \mathrm{B}(70, 97),\ \ \mathrm{C}(75, 89),\ \ \mathrm{D}(85, 101),\ \ \mathrm{E}(65, 83)$$

について、

(1) 最小 2 乗回帰直線を求めなさい。

(2) 最小 2 乗回帰直線を用いて、広告費が 2 千万円のときの売上高を予測しなさい。

解答　(1) 例題 4.6 より、X の平均値 $\bar{x} = 70$, 標準偏差 $\sigma_x = 10$, Y の平均値 $\bar{y} = 90$, X, Y の共分散 $\sigma_{xy} = 69$ だから、最小 2 乗回帰直線を $y = ax + b$ とすると、定理 78 より

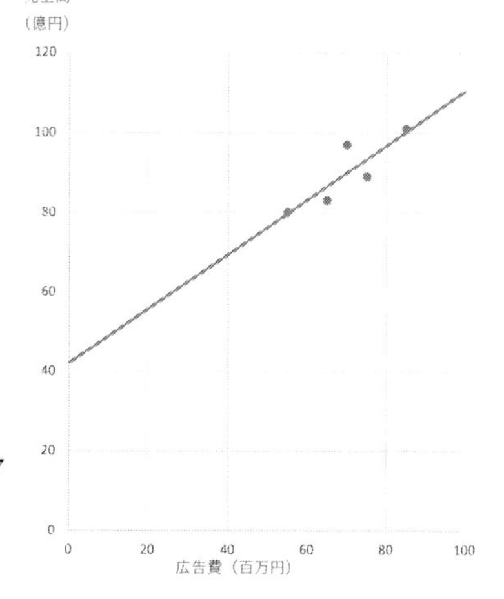

$$a = \frac{\sigma_{xy}}{\sigma_x^2} = \frac{69}{10^2} = \frac{69}{100} = 0.69$$

これより、

$$b = \bar{y} - a\bar{x} = 90 - \frac{69}{100} \times 70 = \frac{417}{10} = 41.7$$

よって、求める最小 2 乗回帰直線は

$$y = \frac{69}{100}x + \frac{417}{10} \qquad (\ y = 0.69x + 41.7\ )$$

(2) 2 千万は 20 百万なので、$x = 20$ を (1) で求めた最小 2 乗回帰直線の式に代入すれば、

$$y = \frac{69}{100} \times 20 + \frac{417}{10} = \frac{555}{10} = 55.5$$

が得られる。　これより、約 55.5 億円の売上が予測される。　□

第5章　母集団と統計量

この章では、統計と呼ばれる分野について述べる。

解析対象の集団の傾向や動向を知るために、調査することになる。その集団が大きければ、標本調査が行われることになる。標本調査は、全数調査と比べて、少ない時間・労力・費用で全体の傾向などを知ることができるが、得られた結果は推測にすぎず、誤差があることを覚悟しなければならない。そのため標本調査の仕組みをよく理解し、標本収集法の重要性を理解しよう。

5.1　調査

社会では、さまざまな調査が行われている。これらの調査結果は、物事を決定するための基礎資料としたり、製品の開発や販売量を決定するときに使用されたりしている。つまり、調査を行うためには、まずその **目的が存在** する。その目的を達成するために、調査が行われるのである。

大規模な調査といえば、国勢調査が挙げられる。国勢調査は、5年おきに日本に住んでいる人全員を対象として調査され、その結果は、他の調査の基礎資料となる重要な調査である。この国勢調査ように、対象とする集団のすべてのものに対して行われる調査を **全数調査**、または **悉皆調査** という。これに対し、対象とする集団の一部に対して行われる調査を **標本調査** という。

悉皆調査のメリットは、すべてのものについて調査するので、全体の状況が決定できることであるが、デメリットとして、調査自体に時間、労力、費用がかかっていしまうことである。さらに、調査対象の集団が大きければ大きいほど、集計に結果が利用できるまでの時間経過により、取り巻く状況が変化してしまっていて、調査結果が調査集団の状況を表さなくなってしまうこともある。これでは、調査の意味がない。

悉皆調査に対する標本調査のメリットは、時間、労力、費用が少なくて済むことである。また、商品として果実の糖度などを調べるとき、果実に傷をつけて採取する調査を悉皆調査で実施すれば、すべて傷物となり商品にならなくなる。このような場合には、悉皆調査をしたくてもできないが、標本調査であれば、一部の果実で済むので、調査が可能なのである。

一方、標本調査のデメリットしては、一部の調査であるので、集団全体を推測はできるが、推測の域を出ない、つまり、誤差の存在を認識しておかなければならないことである。

5.2 標本調査

標本調査では、調査対象の集団全体を **母集団** と呼び、母集団から取り出して調査を実施する一部を **標本** と呼ぶ。また、取り出す標本の個数を **標本の大きさ**、または **サンプルサイズ** と呼ぶ。

標本調査においては、母集団の特性について、標本から得られる特性に対して統計的推測を実施するわけである。一般には、母集団の特性値と標本の特性値は完全には一致せず、統計的推測の誤差を避けることはできない。この誤差は **標本誤差** と呼ばれる。

実際の調査においては、調査計画の段階での誤差や調査時間帯での誤差などの誤差が生じている。標本誤差以外のこれらの誤差は、 **非標本誤差** と呼ばれている。標本誤差は、悉皆調査には存在せず、統計学として研究されており、その理論に基づいて算出・評価することができるが、非標本誤差は、調査段階で存在するので把握することが難しく、悉皆調査にも存在し、算出・評価することはかなり難しい。また、標本誤差と非標本誤差の比較も困難である。

これらの誤差は、偶然変動と偏りとに区別される。偶然変動による誤差は、特定の要因が存在しない、すなわち、その誤差が偶然に発生したと考えられる場合である。これに対して、偏りによる誤差は、特定の要因が考えられ、特性値との傾向が異なる場合である。例えば、アンケートなどで答えにくい質問内容であれば嘘の回答したり、意図的ではなくても誤記入したりする。さらに、インターネット利用した調査は自発的な回答ばかりで偏りがあり、標本の抽出に関しても、都合の良いように標本を抽出すれば、もやは標本調査とは言えないくらい偏りがある。標本調査では、調査の企画段階から、非標本誤差を発生させないようにするなど、きちんとした計画を立ててから、実際に調査することが必要なのである。

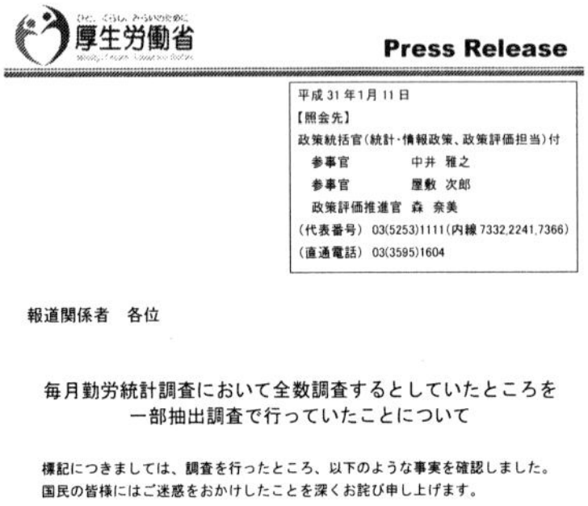

厚生労働省

Press Release

平成 31 年1月 11 日
【照会先】
政策統括官（統計・情報政策、政策評価担当）付
参事官　中井 雅之
参事官　屋敷 次郎
政策評価推進官　森 奈美
（代表番号） 03(5253)1111(内線 7332,2241,7366)
（直通電話） 03(3595)1604

報道関係者　各位

毎月勤労統計調査において全数調査するとしていたところを
一部抽出調査で行っていたことについて

標記につきましては、調査を行ったところ、以下のような事実を確認しました。
国民の皆様にはご迷惑をおかけしたことを深くお詫び申し上げます。

図 5.1: 2019 年 1 月 11 日掲載

厚生労働省で実施している毎月勤労統計調査は、賃金や労働時間に関する統計で、調査結果はＧＤＰの算出にも使用され、政府における基幹統計の一つである。その重要性から、全数調査を実施することになっている。しかし、その重要性を認識していないのか、図 5.1（出典：厚生労働省*）で公表・謝罪されたように、この調査を、一部抽出調査で行っていたということである。さらに、調査する会社を抽出する方法についても釈然とせず、非標本誤差の大発生である。このような標本調査では、調査内容が信用されない状況であり、すべての結果が意味を失う。これが国家で行われていたのでは、その政策さえも信用できないと考えても仕方がないことであろう。謙虚に学びましょう。

さて、非標本誤差の発生を抑えることは重要であることについて述べたが、実際に標本調査を実施する場合、標本を偏りなく選ぶことは意外に難しい。例えば、街頭で、無作為にアンケートを行ったからといって、これは無作為抽出とは考えられない。所詮、その辺りに居た人で、アンケートに答えてくれた人の意見である。このように、無作為に選んだつもりでも何かの偏りが生じることもある。このような調査では、標本の特徴が母集団の特徴と異なることになり、統計的結果の信頼性が低い。これを避けるためには、確率的な現象を用いて標本を同じ確率で抽出（無作為抽出）するなど、標本を偏りなく抽出することである。

このような標本の抽出方法については、例えば、系統抽出法、クラスター抽出法、層化抽出法、多段抽出法など、いろいろと考案されている。読者諸

*https://www.mhlw.go.jp/stf/newpage_03207.html より抜粋

君、統計的結果の信頼性を担保するためにも、興味を持って、調べてほしい。

5.3 多次元の確率分布

2 個以上の確率変数の組に関する確率分布について、少しだけ触れておこう。**実は、連続型確率分布に関しては、第 1 章の予備知識だけではカバーすることができない、2 個以上の変数、いわゆる多変数関数論の分野の知識（例えば、多重積分** $\int \cdots \int_D F(x_1, ..., x_n) dx_1 \cdots dx_n$ **など）が必要**である。

連続型については、必要に応じて多重積分の記号を用いるが、第 1 章の 1.11 積分法で述べたように、Riemann 和の極限として定義されるので、離散型と同様に考えることができる場合が多い。

一般に、確率は、ある事象に対し数値を対応させること、すなわち、確率を関数として考えると、事象は変数と考えられ、対応する数値の分布が確率分布である。多次元の場合、n 個の確率変数 $X_1, \ldots, X_n$ の組 $(X_1, \ldots, X_n)$ を **n 次元確率変数** といい、$(X_1, \ldots, X_n)$ についての値 $F_{X_1 \cdots X_n}(x_{1k_1}, \ldots, x_{nk_n})$ と確率 $P_{k_1 \cdots k_n}$ との対応規則を $(X_1, \ldots, X_n)$ の **同時分布**、または **同時確率分布** という。さらに、各 1 個の確率変数 X_j $(j = 1, 2, \ldots, n)$ についての 1 次元確率分布を**周辺分布**、または **周辺確率分布** という（151 ページ**注 1** 参照)。

同時分布、周辺分布について、**離散型の場合** で考えよう。

$m_1, \ldots, m_n \in \mathbb{N}$ として、離散型 n 次元確率変数 $X = (X_1, \ldots, X_n)$ が、値 $(x_{1k_1}, \ldots, x_{nk_n})$ をとるときの確率を $P_{k_1 \cdots k_n}$ とするとき、確率分布は

$$\mathrm{P}\Big(X = (x_{1k_1}, \ldots, x_{nk_n})\Big) = P_{k_1 \cdots k_n} \quad 1 \leqq k_1 \leqq m_1, \ldots, 1 \leqq k_n \leqq m_n$$

と表される。このとき、その周辺分布は、各 X_j の確率分布であり、

$$\mathrm{P}(X_j = x_{jk_j}) = p_{jk_j} \qquad (1 \leqq j \leqq n, 1 \leqq k_j \leqq m_j)$$

とすると、$\displaystyle\sum_{k_1, \ldots, k_n} P_{k_1 \cdots k_n} = \sum_{k_1=1}^{m_1} \cdots \sum_{k_n=1}^{m_n} P_{k_1 \cdots k_n} = 1, \ \sum_{k_j=1}^{m_j} p_{jk_j} = 1$ より

$$p_{jk_j} = \sum_{k_1=1}^{m_1} \cdots \sum_{k_{j-1}=1}^{m_{j-1}} \sum_{k_{j+1}=1}^{m_{j+1}} \cdots \sum_{k_n=1}^{m_n} P_{k_1 \cdots k_n} = \sum_{k_j \mathrm{omit}} P_{k_1 \cdots k_n} \tag{5.1}$$

が成立する。実際、簡単のため $\mathrm{P}(X_1 = t_1) = p_{t_1}$ とすると、変数 $X_2, \ldots, X_n$ が全事象 $\{\cup x_{2k_2}, \ldots, \cup x_{nk_n}\}$ をとる確率はそれぞれ1だから $(X_1, X_2, \ldots, X_n)$ が $(t_1, \cup x_{2k_2}, \ldots, \cup x_{nk_n})$ をとる確率は、X_1 が t_1 をとる確率に一致する。

すなわち、

$$
\begin{aligned}
p_{t_1} &= \mathrm{P}(X_1 = t_1) \\
&= \mathrm{P}\Big((X_1, X_2, \ldots, X_n) = (t_1, \cup x_{2k_2}, \cup x_{3k_3}, \ldots, \cup x_{nk_n})\Big) \\
&= \sum_{k_2=1}^{m_2} \mathrm{P}\Big((X_1, X_2, \ldots, X_n) = (t_1, x_{2k_2}, \cup x_{3k_3}, \ldots, \cup x_{nk_n})\Big) \\
&= \sum_{k_2=1}^{m_2} \sum_{k_3=1}^{m_3} \cdots \sum_{k_n=1}^{m_n} \mathrm{P}\Big((X_1, X_2, \ldots, X_n) = (t_1, x_{2k_2}, x_{3k_3}, \ldots, x_{nk_n})\Big) \\
&= \sum_{k_2=1}^{m_2} \sum_{k_3=1}^{m_3} \cdots \sum_{k_n=1}^{m_n} P_{t_1 k_2 k_3 \cdots k_n} = \sum_{k_2, \ldots, k_n} P_{t_1 k_2 k_3 \cdots k_n}
\end{aligned}
$$

が成立するということである（152ページ**注2**参照）。

周辺分布について、**連続型の場合**で、上記の状況は、各変数の確率密度関数が次のようになる。

$(X_1, \ldots, X_n)$ の確率密度関数が $f_{X_1 \cdots X_n}(x_1, \ldots, x_n)$ であるとき、X_1 の確率密度関数 $f_{X_1}(x_1)$ は次のように表される。

$$
f_{X_1}(x_1) = \int \cdots \int_{\mathbb{R}^{n-1}} f_{X_1 \cdots X_n}(x_1, x_2, \ldots, x_n)\, dx_2 \cdots dx_n
$$

簡単のために $n = 2$ の場合を記述すると、2変数 (x, y) の確率密度関数が $f_{XY}(x, y)$ であるとき、各確率変数 X, Y の確率密度関数 $f_X(x), f_Y(y)$ は、

$$
f_X(x) = \int_{-\infty}^{\infty} f_{XY}(x, y)\, dy, \quad f_Y(y) = \int_{-\infty}^{\infty} f_{XY}(x, y)\, dx \tag{5.2}
$$

で表される。

次の **例33** で、$n = 2$ の場合を具体的に見てみよう。

例33 箱Aには数値1, 1, 1, 2, 2, 3が書かれたカード6枚のカードが、箱Bには数値4, 4, 4, 4, 5が書かれたカード5枚のカードが入っている。箱Aから無作為に1枚取り出したカードに書かれた数値を X_1、箱Bから無作為に

1 枚取り出したカードに書かれた数値を X_2 とすると、X_1, X_2 は確率変数であり、X_1, X_2 の組 (X_1, X_2) は 2 次元確率変数である。

X_1, X_2 の確率分布はそれぞれ次のようである。

X_1	1	2	3	計
P	$\frac{1}{2}$	$\frac{1}{3}$	$\frac{1}{6}$	1

X_1 の確率分布表

X_2	4	5	計
P	$\frac{4}{5}$	$\frac{1}{5}$	1

X_2 の確率分布表

2 次元確率変数 (X_1, X_2) の同時確率分布は、次のようである。

(X_1, X_2)	(1,4)	(1,5)	(2,4)	(2,5)	(3,4)	(3,5)	計
P	$\frac{2}{5}$	$\frac{1}{10}$	$\frac{4}{15}$	$\frac{1}{15}$	$\frac{2}{15}$	$\frac{1}{30}$	1

(X_1, X_2) の同時確率分布表

$X_1, X_2, (X_1, X_2)$ の確率分布について、横（行）に X_1、縦（列）に X_2 を記載しすると、(X_1, X_2) の同時確率分布表は、次のように表せる。

$X_2 \diagdown X_1$	1	2	3	計
4	$\frac{2}{5}$	$\frac{4}{15}$	$\frac{2}{5}$	$\frac{4}{5}$
5	$\frac{1}{10}$	$\frac{1}{15}$	$\frac{1}{30}$	$\frac{1}{5}$
計	$\frac{1}{2}$	$\frac{1}{3}$	$\frac{1}{6}$	1

注 1. 上記の (X_1, X_2) の同時確率分布表において、一番上の行と一番下の行を見ると X_1 の確率分布であり、一番左の列と一番右の列を見ると X_2 の確率分布である。すなわち、(X_1, X_2) の同時確率分布表の **周辺** に X_1, X_2 の確率分布が現れる。こうして、$(X_1, \ldots, X_n)$ の同時確率分布に対し、各 1 個の

確率変数 X_j $(j = 1, 2, \ldots, n)$ について確率分布は、**周辺分布**、または **周辺確率分布** と呼ばれるのである。

注 2. 縦の和（列和）が X_1 の確率と一致し、横の和（行和）が X_2 の確率と一致している。例えば、$\mathrm{P}(X_1 = 1) = \dfrac{1}{2}$ は、

$$\mathrm{P}\Big((X_1, X_2) = (1, 4)\Big) + \mathrm{P}\Big((X_1, X_2) = (1, 5)\Big) = \frac{2}{5} + \frac{1}{10} = \frac{1}{2},$$

すなわち、

$$\begin{aligned}\mathrm{P}(X_1 = 1) &= \mathrm{P}\Big((X_1, X_2) = (1, 4)\Big) + \mathrm{P}\Big((X_1, X_2) = (1, 5)\Big) \\ &= \sum_{k_2=1}^{2} \mathrm{P}\Big((X_1, X_2) = (1, x_{2k_2})\Big) = \sum_{k_1 \mathrm{omit}} \mathrm{P}\Big((X_1, X_2) = (1, x_{2k_2})\Big)\end{aligned}$$

が成立するということである。

事象の独立性については、69ページの定理 39 で述べたが、確率を関数として考えると、事象は変数と考えられるので、同様に、確率変数の独立性について考えよう。

定義 79 (確率変数の独立)
n 次元確率変数 $X = (X_1, \ldots, X_n)$ に対し、$X_1, \ldots, X_n$ が独立であるとは、次の条件を満たすことである。

・離散型の場合

各 X_j の確率分布 $\mathrm{P}(X_j = x_{jk_j}) = p_{jk_j}$ $(1 \leqq k_j \leqq m_j)$ に対し、次が成立する：

$$\mathrm{P}\left(X = (x_{1k_1}, \ldots, x_{nk_n})\right) = \mathrm{P}(X_1 = x_{1k_1}) \times \cdots \times \mathrm{P}(X_n = x_{nk_n}) \quad (5.3)$$

・連続型の場合

$X = (X_1, \ldots, X_n)$ の確率密度関数 $f(x_1, \ldots, x_n)$ と、
各 X_j の確率密度関数 $f_j(x_j)$ $(j = 1, 2, \ldots, n)$ に対し、次が成立する：

$$f(x_1, \ldots, x_n) = f_1(x_1) \times \cdots \times f_n(x_n)$$

例 34 例 33 と同じ条件で、箱 A, B の中のカード、確率変数 X_1, X_2、2 次元確率変数 (X_1, X_2) を考える。

例えば、$(X_1, X_2) = (3, 4)$ のときの確率は $\dfrac{2}{15}$、すなわち

$$\mathrm{P}\Big((X_1, X_2) = (3, 4)\Big) = \frac{2}{15} \tag{5.4}$$

$X_1 = 3$ のときの確率は $\dfrac{1}{6}$、$X_2 = 4$ のときの確率は $\dfrac{4}{5}$、すなわち

$$\mathrm{P}\Big(X_1 = 3\Big) = \frac{1}{6}, \quad \mathrm{P}\Big(X_2 = 4\Big) = \frac{4}{5} \tag{5.5}$$

したがって、式 (5.4), (5.5) より

$$\mathrm{P}\Big((X_1, X_2) = (3, 4)\Big) = \mathrm{P}\Big(X_1 = 3\Big) \times \mathrm{P}\Big(X_2 = 4\Big)$$

が成立することがわかる。このようにして、全ての場合で (5.3) が成立することがわかるので、確率変数 X_1, X_2 は独立である。

※ ここから本来なら、多次元確率変数の期待値や分散のことを述べるのだが、そうすると、期待値ベクトルや分散共分散行列などを導入することになり、第 1 章の予備知識だけではカバーすることができない。そのため本書では、そこまでは踏み込まず、概要的に記述しておくので、自ら学んでほしい。

ここからは、$X_1, \ldots, X_n$ の関数を用いた 1 つの確率変数、すなわち、$X_1, \ldots, X_n$ の関数 φ に対し、

$$W = \varphi(X_1, \ldots, X_n)$$

とすれば、W は 1 つの確率変数となる。この場合の期待値、分散、標準偏差を定義しよう。

定義 80

n 次元確率変数 $(X_1, \ldots, X_n)$ の関数 φ に対して、$W = \varphi(X_1, \ldots, X_n)$ とする。W の**期待値** $\boldsymbol{E}[W]$、**分散** $\boldsymbol{V}[W]$、**標準偏差** $\boldsymbol{\sigma}[W]$ を次のように定義する。

・離散型の場合　$(1 \leqq k_1 \leqq m_1, \ldots, 1 \leqq k_n \leqq m_n)$

W の確率分布が $\mathrm{P}(W = \varphi(x_{1k_1}, \ldots, x_{nk_n})) = p_{k_1 \cdots k_n}$ であるとき、

(1) $$E[W] = \sum_{k_1, \ldots, k_n} \varphi(x_{1k_1}, \ldots, x_{nk_n}) p_{k_1 \cdots k_n}$$

(2) $$V[W] = \sum_{k_1, \ldots, k_n} \{\varphi(x_{1k_1}, \ldots, x_{nk_n}) - E[W]\}^2 p_{k_1 \cdots k_n}$$

(3) $$\sigma[W] = \sqrt{V[W]}$$

・連続型の場合

W の確率分布が $\mathrm{P}(a \leqq W \leqq b) = \displaystyle\int_a^b f(w)\,dw$ であるとき、

(1) $$\mu = E[W] = \int_{-\infty}^{\infty} w\,f(w)\,dw$$

(2) $$V[W] = E[(W-\mu)^2] = \int_{-\infty}^{\infty} (w-\mu)^2 f(w)\,dw$$

(3) $$\sigma = \sigma[W] = \sqrt{V[W]}$$

多次元に関する確率分布について、次の定理が成立する。

定理 81

$a, b, a_1 \ldots, a_n$ を定数、n 次元確率変数 $(X_1, \ldots, X_n)$ の関数 φ に対して、$W = \varphi(X_1, \ldots, X_n)$ とするとき、次が成立する。

(1) $E[aW + b] = aE[W] + b$

(2) $E[a_1X_1 + \cdots + a_nX_n] = a_1E[X_1] + \cdots + a_nE[X_n]$

(3) $V[W] = E[W^2] - E[W]^2$。

(4) $X_1, \ldots, X_n$ が独立のとき、

(i) $E[X_1 \times \cdots \times X_n] = E[X_1] \times \cdots \times E[X_n]$

(ii) $V[a_1X_1 + \cdots + a_nX_n] = a_1^2V[X_1] + \cdots + a_n^2V[X_n]$

証明 離散型の場合を示すが、連続型の場合も成立する。W の確率分布を

$\mathrm{P}(W = \varphi(x_{1k_1}, \ldots, x_{nk_n})) = P_{k_1 \cdots k_n}$ $(1 \leqq k_1 \leqq m_1, \ldots, 1 \leqq k_n \leqq m_n)$

とし、各 X_j の確率分布を $\mathrm{P}(X_j = x_{jk_j}) = p_{jk_j}$ $(1 \leqq k_j \leqq m_j)$ とする。

(1) $E[W]$ は期待値だから

$$E[W] = E[\varphi(X_1, \ldots, X_n)] = \sum_{k_1, \ldots, k_n} \varphi(x_{1k_1}, \ldots, x_{nk_n}) p_{k_1 \cdots k_n}$$

また、すべての確率の和は $\displaystyle\sum_{k_1, \ldots, k_n} P_{k_1 \cdots k_n} = 1$ だから、定義 80より

$$\begin{aligned} E[aW + b] &= E[a\varphi(X_1, \ldots, X_n) + b] \\ &= \sum_{k_1, \ldots, k_n} (a\varphi(x_{1k_1}, \ldots, x_{nk_n}) + b) P_{k_1 \cdots k_n} \\ &= a \sum_{k_1, \ldots, k_n} \varphi(x_{1k_1}, \ldots, x_{nk_n}) P_{k_1 \cdots k_n} + b \sum_{k_1, \ldots, k_n} P_{k_1 \cdots k_n} \\ &= aE[\varphi(x_{1k_1}, \ldots, x_{nk_n})] + b \\ &= aE[W] + b \end{aligned}$$

(2) 149 ページの式 (5.1) より

$$E[a_1 X_1 + \cdots + a_n X_n] = \sum_{k_1, \ldots, k_n} (a_1 x_{1k_1} + \ldots + a_n x_{nk_n}) p_{k_1 \cdots k_n}$$

$$= \sum_{k_1, \ldots, k_n} (a_1 x_{1k_1} p_{k_1 \cdots k_n} + \ldots + a_n x_{nk_n} p_{k_1 \cdots k_n})$$

$$= a_1 \sum_{k_1, \ldots, k_n} x_{1k_1} p_{k_1 \cdots k_n} + \ldots + a_n \sum_{k_1, \ldots, k_n} x_{nk_n} p_{k_1 \cdots k_n}$$

$$= a_1 \sum_{k_1=1}^{m_1} x_{1k_1} \sum_{k_1 \mathrm{omit}} p_{k_1 \cdots k_n} + \ldots + a_n \sum_{k_n=1}^{m_n} x_{nk_n} \sum_{k_n \mathrm{omit}} p_{k_1 \cdots k_n}$$

$$= a_1 \sum_{k_1=1}^{m_1} x_{1k_1} p_{1k_1} + \ldots + a_n \sum_{k_n=1}^{m_n} x_{nk_n} p_{nk_n}$$

$$= a_1 E[X_1] + \ldots + a_n E[X_n]$$

(3) $\mu = E[W]$ とおくと、定義 80 より

$$
\begin{aligned}
V[W] &= E[(W - E[W])^2] = E[(W - \mu)^2] \\
&= E[W^2 - 2\mu W + \mu^2] \\
&= E[W^2] - 2\mu E[W] + \mu^2 \\
&= E[W^2] - 2E[W] \times E[W] + E[W]^2 \\
&= E[W^2] - E[W]^2
\end{aligned}
$$

(4) (i) $W = \varphi(X) = \varphi(X_1, \ldots, X_n) = X_1 \times \cdots \times X_n$ とすると、$p_{k_1 \cdots k_n} = \mathrm{P}\left(W = x_{1k_1} \times \cdots \times x_{nk_n}\right) = \mathrm{P}\left(X = (x_{1k_1}, \ldots, x_{nk_n})\right)$ である。ここで、$X_1, \ldots, X_n$ が独立だから、定義 79 より

$$
\begin{aligned}
p_{k_1 \cdots k_n} &= \mathrm{P}\left(X = (x_{1k_1}, \ldots, x_{nk_n})\right) \\
&= \mathrm{P}(X_1 = x_{1k_1}) \times \cdots \times \mathrm{P}(X_n = x_{nk_n}) \\
&= p_{1k_1} \times \cdots \times p_{nk_n}
\end{aligned}
$$

が成立する。よって、

$$
\begin{aligned}
E[X_1 \times \cdots \times X_n] = E[W] &= \sum_{k_1, \ldots, k_n} \varphi(x_{1k_1}, \ldots, x_{nk_n}) p_{k_1 \cdots k_n} \\
&= \sum_{k_1, \ldots, k_n} x_{1k_1} \times \cdots \times x_{nk_n} p_{1k_1} \times \cdots \times p_{nk_n} \\
&= \left(\sum_{k_1=1}^{m_1} x_{1k_1} p_{1k_1} \right) \times \cdots \times \left(\sum_{k_n=1}^{m_n} x_{nk_n} p_{nk_n} \right) \\
&= E[X_1] \times \cdots \times E[X_n]
\end{aligned}
$$

(4) (ii) $n = 2$ の場合を示す。一般の場合も同様に示せる。

(4) (i) より $E[X_1 X_2] = E[X_1] E[X_2]$ だから、

$$
\begin{aligned}
&V[a_1 X_1 + a_2 X_2] = E[(a_1 X_1 + a_2 X_2)^2] - E[a_1 X_1 + a_2 X_2]^2 \\
&= E[a_1^2 X_1^2 + 2a_1 a_2 X_1 X_2 + a_2^2 X_2^2] - (a_1 E[X_1] + a_2 E[X_2])^2
\end{aligned}
$$

$$
\begin{aligned}
&=a_1^2E[X_1^2]+2a_1a_2E[X_1X_2]+a_2^2E[X_2^2] \\
&\qquad -(a_1^2E[X_1]^2+2a_1a_2E[X_1]E[X_2]+a_2^2E[X_2]^2) \\
&=a_1^2(E[X_1^2]-E[X_1]^2)+a_2^2(E[X_2^2]-E[X_2]^2) \\
&=a_1^2V[X_1]+a_2^2V[X_2]
\end{aligned}
$$

□

連続型確率分布で重要な正規分布について、次の性質は有益である。ただ、その証明には、多変数の微分・積分の知識が必要であり、ここでは概要的に記述しておくので、自ら学んでほしい。

定理 82

$a_0, a_1 \ldots, a_n$ を定数、n 次元確率変数 $(X_1, \ldots, X_n)$ について、各 X_j の確率分布は正規分布 $\mathrm{N}(\mu_j, \sigma_j^2)$ $(1 \leqq j \leqq n)$ とし、$X_1, \ldots, X_n$ は互いに独立とする。このとき、$W = a_0 + a_1X_1 + \cdots + a_nX_n$ に対し、W の確率分布は正規分布 $\mathrm{N}(a_0 + a_1\mu_1 + \cdots + a_n\mu_n, a_1^2\sigma_1^2 + \cdots + a_n^2\sigma_n^2)$ である。

証明 まず、確率変数 X_1 が正規分布 $N(\mu_1, \sigma_1^2)$ に従うとき、確率変数 $Z = a_0 + a_1X_1$ が、正規分布 $\mathrm{N}(a_0 + a_1\mu_1, a_1^2\sigma_1^2)$ に従うことを示す。すなわち、確率変数 $Z = a_0 + a_1X_1$ の確率密度関数が

$$
f_Z(z) = \frac{1}{\sqrt{2\pi}a_1\sigma_1}e^{-\frac{1}{2}\left\{\frac{z-(a_0+a_1\mu_1)}{a_1\sigma_1}\right\}^2}
$$

であることを示せばよい。$a_1 > 0$ のときを示すが、$a_1 < 0$ のときも同様に示せる。

条件より、任意の $\alpha, \beta \in \mathbb{R}$ $(\alpha < \beta)$ に対し、

$$
\mathrm{P}\left(\frac{\alpha - a_0}{a_1} \leqq X_1 \leqq \frac{\beta - a_0}{a_1}\right) = \int_{\frac{\alpha-a_0}{a_1}}^{\frac{\beta-a_0}{a_1}} \frac{1}{\sqrt{2\pi}\sigma_1}e^{-\frac{1}{2}\left(\frac{x_1-\mu_1}{\sigma_1}\right)^2}dx_1 \quad (5.6)
$$

である。ここで、$Z = a_0 + a_1X_1$ より、積分変数は $z = a_0 + a_1x_1$ と表され、$dz = a_1\,dx_1$, $x_1 = \dfrac{z - a_0}{a_1}$, $x_1 = \dfrac{\alpha - a_0}{a_1}$ のとき $z = \alpha$, $x_1 = \dfrac{\beta - a_0}{a_1}$ の

とき $z=\beta$ であるから、44 ページの置換積分の定理 26 より

$$\begin{aligned}
\mathrm{P}(\alpha \leqq Z \leqq \beta) &= \mathrm{P}\left(\frac{\alpha - a_0}{a_1} \leqq X_1 \leqq \frac{\beta - a_0}{a_1}\right) \\
&= \int_{\frac{\alpha-a_0}{a_1}}^{\frac{\beta-a_0}{a_1}} \frac{1}{\sqrt{2\pi}\sigma_1} e^{-\frac{1}{2}\left(\frac{x_1-\mu_1}{\sigma_1}\right)^2} dx_1 \\
&= \int_{\alpha}^{\beta} \frac{1}{\sqrt{2\pi}\sigma_1} e^{-\frac{1}{2}\left(\frac{\frac{z-a_0}{a_1}-\mu_1}{\sigma_1}\right)^2} \frac{1}{a_1} dz \\
&= \int_{\alpha}^{\beta} \frac{1}{\sqrt{2\pi}a_1\sigma_1} e^{-\frac{1}{2}\left\{\frac{z-(a_0+a_1\mu_1)}{a_1\sigma_1}\right\}^2} dz
\end{aligned}$$

これは、Z の確率密度関数が $f_Z(z) = \frac{1}{\sqrt{2\pi}a_1\sigma_1} e^{-\frac{1}{2}\left\{\frac{z-(a_0+a_1\mu_1)}{a_1\sigma_1}\right\}^2}$ であることを示している。

次に、2 次元確率変数 (X_1, X_2) について、$Y = X_1 + X_2$ とし、確率変数 Y の確率密度関数 $f_Y(y)$ が

$$f_Y(y) = \frac{1}{\sqrt{2\pi}\sqrt{\sigma_1^2+\sigma_2^2}} e^{-\frac{(y-\mu_1-\mu_2)^2}{2(\sigma_1^2+\sigma_2^2)}}$$

であることを示す。

2 次元確率変数 (X_1, X_2) と各確率変数 X_1, X_2 の確率密度関数をそれぞれ $f_{12}(x_1, x_2), f_1(x_1), f_2(x_2)$ とすると、仮定より X_1, X_2 は独立だから、$f_{12}(x_1, x_2) = f_1(x_1) \times f_2(x_2)$ が成立する。このとき、$Y = X_1 + X_2$ とすれば、確率変数 Y の確率密度関数 $f_Y(y)$ については次の式が成立する。

$$f_Y(y) = \int_{-\infty}^{\infty} f_1(y - x_2) f_2(x_2)\, dx_2 \tag{5.7}$$

(※ この式の証明には多変数の微分・積分の知識が必要であるので、それは読者に任せよう。)

式 (5.7) の被積関数は、条件より

$$\begin{aligned}
f_1(y-x_2)f_2(x_2) &= \frac{1}{\sqrt{2\pi}\sigma_1} e^{-\frac{1}{2}\left(\frac{y-x_2-\mu_1}{\sigma_1}\right)^2} \times \frac{1}{\sqrt{2\pi}\sigma_2} e^{-\frac{1}{2}\left(\frac{x_2-\mu_2}{\sigma_2}\right)^2} \\
&= \frac{1}{2\pi\sigma_1\sigma_2} e\left\{-\frac{(y-x_2-\mu_1)^2}{2\sigma_1^2} - \frac{(x_2-\mu_2)^2}{2\sigma_2^2}\right\}
\end{aligned}$$

この指数の部分を計算すると、

$$\begin{aligned}
&\frac{(y-x_2-\mu_1)^2}{\sigma_1^2}+\frac{(x_2-\mu_2)^2}{\sigma_2^2}\\
=&\ \frac{1}{\sigma_1^2}\left\{x_2^2-2(y-\mu_1)x_2+(y-\mu_1)^2\right\}+\frac{1}{\sigma_2^2}\left(x_2^2-2\mu_2x_2+\mu_2^2\right)\\
=&\ \left(\frac{1}{\sigma_1^2}+\frac{1}{\sigma_2^2}\right)x_2^2-2\left(\frac{y-\mu_1}{\sigma_1^2}+\frac{\mu_2}{\sigma_2^2}\right)x_2+\frac{(y-\mu_1)^2}{\sigma_1^2}+\frac{\mu_2^2}{\sigma_2^2}
\end{aligned}$$

ここで、$A=\dfrac{1}{\sigma_1^2}+\dfrac{1}{\sigma_2^2}=\dfrac{\sigma_1^2+\sigma_2^2}{\sigma_1^2\sigma_2^2},\quad B=\dfrac{y-\mu_1}{\sigma_1^2}+\dfrac{\mu_2}{\sigma_2^2},\quad C=\dfrac{(y-\mu_1)^2}{\sigma_1^2}+\dfrac{\mu_2^2}{\sigma_2^2}$

とおくと、上記の計算より、指数の部分は、

$$\frac{(y-x_2-\mu_1)^2}{\sigma_1^2}+\frac{(x_2-\mu_2)^2}{\sigma_2^2}=Ax_2^2-2Bx_2+C=A\left(x_2-\frac{B}{A}\right)^2-\frac{B^2}{A}+C \tag{5.8}$$

このとき、

$$\begin{aligned}
&\frac{B^2}{A}-C\\
=&\ \frac{\sigma_1^2\sigma_2^2}{\sigma_1^2+\sigma_2^2}\left(\frac{y-\mu_1}{\sigma_1^2}+\frac{\mu_2}{\sigma_2^2}\right)^2-\left(\frac{(y-\mu_1)^2}{\sigma_1^2}+\frac{\mu_2^2}{\sigma_2^2}\right)\\
=&\ \frac{\sigma_1^2\sigma_2^2}{\sigma_1^2+\sigma_2^2}\left(\frac{(y-\mu_1)^2}{\sigma_1^4}+2\frac{(y-\mu_1)\mu_2}{\sigma_1^2\sigma_2^2}+\frac{\mu_2^2}{\sigma_2^4}\right)^2-\frac{(y-\mu_1)^2}{\sigma_1^2}-\frac{\mu_2^2}{\sigma_2^2}\\
=&\ \frac{1}{\sigma_1^2+\sigma_2^2}\frac{\sigma_2^2}{\sigma_1^2}(y-\mu_1)^2+\frac{2}{\sigma_1^2+\sigma_2^2}(y-\mu_1)\mu_2+\frac{1}{\sigma_1^2+\sigma_2^2}\frac{\sigma_1^2}{\sigma_2^2}\mu_2^2-\frac{(y-\mu_1)^2}{\sigma_1^2}-\frac{\mu_2^2}{\sigma_2^2}\\
=&\ \left\{\frac{1}{\sigma_1^2+\sigma_2^2}\frac{\sigma_2^2}{\sigma_1^2}-\frac{1}{\sigma_1^2}\right\}(y-\mu_1)^2+2\frac{y-\mu_1}{\sigma_1^2+\sigma_2^2}\mu_2+\left\{\frac{1}{\sigma_1^2+\sigma_2^2}\frac{\sigma_1^2}{\sigma_2^2}-\frac{1}{\sigma_2^2}\right\}\mu_2^2\\
=&\ \frac{-1}{\sigma_1^2+\sigma_2^2}+2\frac{y-\mu_1}{\sigma_1^2+\sigma_2^2}\mu_2-\frac{-1}{\sigma_1^2+\sigma_2^2}\mu_2^2\\
=&\ \frac{-1}{\sigma_1^2+\sigma_2^2}(y-\mu_1-\mu_2)^2
\end{aligned}$$

したがって指数の部分は、(5.8) より

$$A\left(x_2-\frac{B}{A}\right)^2-\frac{B^2}{A}+C=\frac{\sigma_1^2+\sigma_2^2}{\sigma_1^2\sigma_2^2}\left(x_2-\frac{B}{A}\right)^2+\frac{1}{\sigma_1^2+\sigma_2^2}(y-\mu_1-\mu_2)^2$$

一方、46ページのGauss(ガウス)積分より、$\displaystyle\int_{-\infty}^{\infty}\frac{1}{\sqrt{\pi}}e^{-x^2}\,dx=1$ だから

$$x=\sqrt{\frac{\sigma_1^2+\sigma_2^2}{2\sigma_1^2\sigma_2^2}}(x_2-\frac{B}{A})$$

として置換積分すれば、

$$\int_{-\infty}^{\infty}\frac{1}{\sqrt{\pi}}\frac{\sqrt{\sigma_1^2+\sigma_2^2}}{\sqrt{2}\sigma_1\sigma_2}\,e^{-\frac{1}{2}\frac{\sigma_1^2+\sigma_2^2}{\sigma_1^2\sigma_2^2}(x_2-\frac{B}{A})^2}dx_2=1 \tag{5.9}$$

したがって、(5.7), (5.9) より

$$\begin{aligned}
&f_Y(y)\\
=\ &\int_{-\infty}^{\infty}f_1(y-x_2)f_2(x_2)\,dx_2\\
=\ &\int_{-\infty}^{\infty}\frac{1}{2\pi\sigma_1\sigma_2}\,e^{-\frac{(y-x_2-\mu_1)^2}{2\sigma_1^2}-\frac{(x_2-\mu_2)^2}{2\sigma_2^2}}\,dx_2\\
=\ &\int_{-\infty}^{\infty}\frac{1}{2\pi\sigma_1\sigma_2}\,e^{-\frac{1}{2}\left\{\frac{\sigma_1^2+\sigma_2^2}{\sigma_1^2\sigma_2^2}\left(x_2-\frac{B}{A}\right)^2+\frac{1}{\sigma_1^2+\sigma_2^2}(y-\mu_1-\mu_2)^2\right\}}\,dx_2\\
=\ &\frac{1}{\sqrt{2\pi}\sqrt{\sigma_1^2+\sigma_2^2}}\,e^{-\frac{(y-\mu_1-\mu_2)^2}{2(\sigma_1^2+\sigma_2^2)}}\int_{-\infty}^{\infty}\frac{1}{\sqrt{\pi}}\frac{\sqrt{\sigma_1^2+\sigma_2^2}}{\sqrt{2}\sigma_1\sigma_2}\,e^{-\frac{1}{2}\frac{\sigma_1^2+\sigma_2^2}{\sigma_1^2\sigma_2^2}(x_2-\frac{B}{A})^2}dx_2\\
=\ &\frac{1}{\sqrt{2\pi}\sqrt{\sigma_1^2+\sigma_2^2}}\,e^{-\frac{(y-\mu_1-\mu_2)^2}{2(\sigma_1^2+\sigma_2^2)}}
\end{aligned}$$

だから、確率変数 $Y=X_1+X_2$ の確率密度関数 $f_Y(y)$ が得られる。

以上より、これらを適用すれば、一般の n 次元確率変数 $(X_1,\ldots,X_n)$ について定理 82 が成立することがわかる。 □

例題 5.1

(例 33 と同じ条件) 箱 A には数値 1,1,1,2,2,3 が書かれたカード 6 枚のカードが、箱 B には数値 4,4,4,4,5 が書かれたカード 5 枚のカードが入っている。箱 A から無作為に 1 枚取り出したカードに書かれた数値を X_1、箱 B から無作為に 1 枚取り出したカードに書かれた数値を X_2 とし、

$$W = X_1 - X_2$$

とする。

(1) X_1, X_2 の期待値 $E[X_1], E[X_2]$ をそれぞれ求めなさい。

(2) X_1, X_2 の分散 $V[X_1], V[X_2]$ をそれぞれ求めなさい。

(3) W の確率分布表を作成しなさい。

(4) W の期待値 $E[W]$ を求めなさい。

(5) W の分散 $V[W]$ を求めなさい。

解答　150ページの例 33 で作成した確率分布表を利用する。

(1) X_1, X_2 はそれぞれ 1 個の確率変数だから 80ページの期待値 (3.1) より

$$E[X_1] = 1 \times \frac{1}{2} + 2 \times \frac{1}{3} + 3 \times \frac{1}{6} = \frac{5}{3}$$
$$E[X_2] = 4 \times \frac{4}{5} + 5 \times \frac{1}{5} = \frac{21}{5}$$

(2) (1) より $\mu_1 = E[X_1] = \frac{5}{3}$, $\mu_2 = E[X_2] = \frac{21}{5}$ だから

$$\begin{aligned}
V[X_1] &= \sum_{k_1=1}^{n} (x_{1k_1} - \mu_1)^2 p_{1k_1} \\
&= \left(1 - \frac{5}{3}\right)^2 \times \frac{1}{2} + \left(2 - \frac{5}{3}\right)^2 \times \frac{1}{3} + \left(3 - \frac{5}{3}\right)^2 \times \frac{1}{6} \\
&= \left(-\frac{2}{3}\right)^2 \times \frac{1}{2} + \left(\frac{1}{3}\right)^2 \times \frac{1}{3} + \left(\frac{4}{3}\right)^2 \times \frac{1}{6} \\
&= \frac{30}{3^2 \times 6} = \frac{5}{9}
\end{aligned}$$

$$
\begin{aligned}
V[X_2] &= \sum_{k_2=1}^{n} (x_{2k_2} - \mu_2)^2 p_{2k_2} \\
&= \left(4 - \frac{21}{5}\right)^2 \times \frac{4}{5} + \left(5 - \frac{21}{5}\right)^2 \times \frac{1}{5} \\
&= \left(-\frac{1}{5}\right)^2 \times \frac{4}{5} + \left(\frac{4}{5}\right)^2 \times \frac{1}{5} \\
&= \frac{20}{5^3} = \frac{4}{25}
\end{aligned}
$$

※【別解】 定理 47 を適用して求める。

$$
E[X_1^2] = 1^2 \times \frac{1}{2} + 2^2 \times \frac{1}{3} + 3^2 \times \frac{1}{6} = \frac{10}{3},
$$
$$
E[X_2^2] = 4^2 \times \frac{4}{5} + 5^2 \times \frac{1}{5} = \frac{89}{5}
$$

だから、(1) と定理 47 より

$$
V[X_1] = E[X_1^2] - E[X_1]^2 = \frac{10}{3} - \left(\frac{5}{3}\right)^2 = \frac{5}{9},
$$
$$
V[X_2] = E[X_2^2] - E[X_2]^2 = \frac{89}{5} - \left(\frac{21}{5}\right)^2 = \frac{4}{25}
$$

(3) $W = X_1 - X_2$ の確率分布表は、

(X_1, X_2)	(1,5)	(1,4) (2,5)	(2,4) (3,5)	(3,4)	
W	-4	-3	-2	-1	計
P	$\frac{1}{10}$	$\frac{7}{15}$	$\frac{3}{10}$	$\frac{2}{15}$	1

(4) (1) と定理 81 (2) より

$$
E[W] = E[X_1 - X_2] = E[X_1] - E[X_2] = \frac{5}{3} - \frac{21}{5} = -\frac{38}{15}
$$

(5) X_1, X_2 は独立だから、(2) と定理 81 (4) より

$$
\begin{aligned}
V[W] &= V[X_1 - X_2] = 1^2 \times V[X_1] + (-1)^2 V[X_2] \\
&= \frac{5}{9} + \frac{4}{25} = \frac{161}{225}
\end{aligned}
$$

□

5.4 標本分布

5.2節の標本調査で述べたように、その特性を知りたい母集団から、適切に企画された調査により標本を抽出する。この抽出が非常に重要で、偏りによる誤差を少なくするように無作為抽出する。こうして得られた標本から求められる特性値（たとえば平均値）は、選ばれた人たちの特性値にすぎず、それが母集団の特性値と一致するとは限らない。そこで、標本抽出を繰り返し、それぞれの抽出ごとに特性値を調べ、その分布から母集団の特性値を推測しようと考えるのである。

今後、標本は、無作為抽出法で抽出されたものとする。

母集団から抽出される標本は、母集団の情報の良く反映するものやあまり反映しないものなどがあるので、標本は確率変数 X と考えられる。そのため無作為抽出するのだが、この確率変数 X を **母集団確率変数** と呼び、X の確率分布、すなわち、母集団の確率分布を **母集団分布** 、X の平均、分散、標準偏差をそれぞれ **母平均、母分散、母標準偏差** と呼ぶ。また、抽出を繰り返して集めた標本 $\{X_1, \ldots, X_n\}$ は、多次元の確率変数と考えられ、各 X_j は母集団分布に従うと考えられる。調査などで得られた結果の数値は、その確率変数の **実現値** と呼ばれる。

さらに、各 X_j は無作為抽出であることから、$\boldsymbol{X_1, \ldots, X_n}$ **は独立** であると考えられる。

※ 抽出の仕方には、抽出した標本を元に戻して次の標本を抽出する **復元抽出** と、元に戻さず抽出する **非復元抽出** がある。復元抽出では元に戻すので母集団は元通りに復元され、その母集団から各 X_j は無作為抽出されるので、各 X_j は確かに母集団分布にしたがい、独立であると考えられるが、非復元抽出では元に戻さないので母集団は変化（減少）してしまう。しかしながら、母集団が大きければ、その変化（減少）の影響は、ほぼ無視できるほどの誤差と考えられるので、非復元抽出の場合も、各 X_j は母集団分布にしたがい、独立であると考えてよい。

標本 $\{X_1, \ldots, X_n\}$ から求められる量（平均値、分散など）は、**統計量** と呼ばれ、母集団から標本を取り変えると統計量は変化するので、確率変数と考えられる。この統計量の確率分布を **標本分布** と呼ぶ。このとき、大きい母集団から抽出される各標本 X_k は母集団分布に従い、確率変数 $X_1, \ldots, X_n$ は独立と考えられる。また、確率変数 $X_1, \ldots, X_n$ の関数 $\varphi(X_1, \ldots, X_n)$ に対し、確率変数 $W = \varphi(X_1, \ldots, X_n)$ の確率分布が標本分布である。標本分布は、1組の標本の中のデータの分布ではなく、たくさんの標本の統計量を集めた分布であることに注意する。

定義 83 (標本平均・標本分散・標本標準偏差・不偏分散)
同じ母集団から抽出された n 個の標本 $X_1, \ldots, X_n$ から得られる統計量の主なものとして、次が挙げられる。

(1) 標本平均：$\bar{X} = \dfrac{1}{n}\displaystyle\sum_{k=1}^{n} X_k = \dfrac{1}{n}(X_1 + \cdots + X_n)$

(2) 標本分散：$S^2 = \dfrac{1}{n}\displaystyle\sum_{k=1}^{n}(X_k - \bar{X})^2 = \dfrac{1}{n}\{(X_1 - \bar{X})^2 + \cdots + (X_n - \bar{X})^2\}$

(3) 標本標準偏差：$S = \sqrt{S^2} = \sqrt{\dfrac{1}{n}\displaystyle\sum_{k=1}^{n}(X_n - \bar{X})^2}$

(4) 不偏分散 (unbiased variance)：$U^2 = \dfrac{1}{n-1}\displaystyle\sum_{k=1}^{n}(X_k - \bar{X})^2$

※ 不偏分散については、後述の 177ページの定理 92 参照

標本平均 $\bar{X} = \dfrac{1}{n}\displaystyle\sum_{k=1}^{n} X_k$ は、確率変数 $X_1, \ldots, X_n$ の関数だから、標本平均 $\bar{X}$ も確率変数である。そこで、標本平均 $\bar{X}$ の期待値 $E[\bar{X}]$ や分散 $V[\bar{X}]$ について考えてみよう。

定理 84 (標本平均の期待値・分散・標準偏差)
母平均 μ が母分散 σ^2 がである母集団から大きさ n の標本 $X_1, \ldots, X_n$ を抽出するとき、次が成立する。

(1) $E[X_k] = \mu, \qquad V[X_k] = \sigma^2, \qquad k = 1, 2, \ldots, n$

(2) $E[\bar{X}] = \mu$

(3) $X_1, \ldots, X_n$ が独立であれば、

(i) $V[\bar{X}] = \dfrac{\sigma^2}{n}$ (ii) $\sigma[\bar{X}] = \sqrt{\dfrac{\sigma^2}{n}}$

※ $X_1, \ldots, X_n$ が復元抽出された場合は互いに独立であり、非復元抽出された場合でも母集団が十分大きければ、独立であると考えられる。ただ、母集団の大きさ N が小さければ、非復元抽出では母集団が変化（減少）し、$X_1, \ldots, X_n$ は互いに独立であるとは考えられない。この場合は、$V[\bar{X}] = \dfrac{N-n}{N-1}\dfrac{\sigma^2}{n}$ である。

証明 $X_1, \ldots, X_n$ は同じ母集団から抽出された n 個の標本だから、各 X_k はその母集団分布に従う。したがって、

(1) $E[X_k] = \mu, \quad V[X_k] = \sigma^2 \quad (k = 1, 2, \ldots, n)$ が成立することがわかる。

(2) 定理 81 (2) より

$$
\begin{aligned}
E[\bar{X}] &= E[\frac{1}{n}X_1 + \cdots + \frac{1}{n}X_n] \\
&= \frac{1}{n}E[X_1] + \cdots + \frac{1}{n}E[X_n] \\
&= \frac{1}{n}\mu + \cdots + \frac{1}{n}\mu = \mu
\end{aligned}
$$

(3) 定理 81 (4) (ii) より

$$
\begin{aligned}
\text{(i) } V[\bar{X}] &= V[\frac{1}{n}X_1 + \cdots + \frac{1}{n}X_n] \\
&= \left(\frac{1}{n}\right)^2 V[X_1] + \cdots + \left(\frac{1}{n}\right)^2 V[X_n] \\
&= \left(\frac{1}{n}\right)^2 \sigma^2 + \cdots + \left(\frac{1}{n}\right)^2 \sigma^2 = \frac{\sigma^2}{n}
\end{aligned}
$$

$$
\text{(ii) } \sigma[\bar{X}] = \sqrt{V[\bar{X}]} = \sqrt{\frac{\sigma^2}{n}}
$$

□

例題 5.2

母平均が 500 で、母分散が 1000 である母集団から大きさ 40 の標本 $X_1, \dots, X_{40}$ を復元抽出するとき、その標本平均 $\bar{X}$ について、次の値を求めなさい。

(1) 期待値 $E[\bar{X}]$　(2) 分散 $V[\bar{X}]$　(3) 標準偏差 $\sigma[\bar{X}]$

解答　条件より、$X_1, \dots, X_{40}$ は母集団から復元無作為抽出されるので、各 X_k は母集団分布にしたがい、$X_1, \dots, X_{40}$ は独立である。よって、定理 84 より

(1) $E[\bar{X}] = 500$

(2) $V[\bar{X}] = \dfrac{1000}{40} = 25$

(3) $\sigma[\bar{X}] = \sqrt{V[\bar{X}]} = \sqrt{25} = 5$

□

母集団分布が正規分布であれば、標本平均の確率分布について、次の定理が成立する。

定理 85
母集団から大きさ n の標本 $X_1, \dots, X_n$ を復元抽出するとき、母集団分布が正規分布 $N(\mu, \sigma^2)$ であれば、その標本平均 $\bar{X}$ は、正規分布 $N(\mu, \dfrac{\sigma^2}{n})$ に従う。

証明　標本 $X_1, \dots, X_n$ は、復元抽出されるので、互いに独立であり、$\bar{X} = \dfrac{1}{n}X_1 + \cdots + \dfrac{1}{n}X_n$ に対し、定理 82 を適用すればよい。□

定理 85 は、母集団分布が正規分布であることが判明している場合である。では、母集団分布が判明していない場合、標本平均 $\bar{X}$ の分布はどうなるのであろう？その１つの答として、次の中心極限定理が知られている。

定理 86 (中心極限定理)
母平均 μ が母分散 σ^2 がである母集団から大きさ n の標本 $X_1, \dots, X_n$ を抽出したとき、n が大きければ（一概には決められないが、$n > 30$ は大きいと考えられる場合が多い）、その標本平均 $\bar{X}$ は、近似的に正規分布 $N(\mu, \dfrac{\sigma^2}{n})$ に従う。
※ 母集団を考慮しない場合、次のように言い換えることができる。
確率変数が独立で、同一の確率分布に従うとし、$E[X_k] = \mu$, $V[X_k] = \sigma^2$ とする。このとき、n が大きければ、その標本平均 $\bar{X} = \dfrac{1}{n}\sum_{k=1}^{n} X_k$ は、近似的に正規分布 $N(\mu, \dfrac{\sigma^2}{n})$ に従う。

中心極限定理について、令和3年度の大学入学共通テストの数学I・数学A（受験者約36万人、平均57.7点）を例として考えてみよう。この受験者から無作為に復元抽出した100人の平均点は、57.7点の近くにあると直感的にわかるだろう。さらに、標本数が増えれば標本平均の散らばりは小さくなることも納得できるだろう。この状況を述べているのが、中心極限定理である。さらに、中心極限定理の凄いところは、母集団の分布が正規分布でなくても、どんな分布であっても、標本平均の分布は正規分布で近似 できると主張しているところである。

例題 5.3
1世帯における1か月の米の消費量の平均は5.9kg、標準偏差は2.5kgである。無作為に復元抽出した100世帯の1か月の米の消費量の平均 $\bar{X}$ が6.1kg以上となる確率Pを正規分布で近似して求めなさい。

解答 全世帯を母集団として考えれば、条件より、母平均は $\mu = 5.9$, 母標準偏差は $\sigma = 2.5$ である。標本の大きさは $n = 100$ で大きいので、中心極限定理（定理86）より、標本平均 $\bar{X}$ は、近似的に正規分布 $N(5.9, \dfrac{2.5^2}{100})$ に従う。ここで、標準化して $Z = \dfrac{\bar{X} - 5.9}{0.25}$ とおくと、定理62より、確率変数

Z は標準正規分布 $N(0,1)$ に従うので、標準正規分布表を用いて、

$$\mathrm{P} = \mathrm{P}(6.1 \leqq \bar{X}) = \mathrm{P}\Big(\frac{6.1-5.9}{0.25} \leqq \frac{\bar{X}-5.9}{0.25}\Big) = \mathrm{P}(0.8 \leqq Z)$$
$$= 0.5 - \mathrm{P}(0 \leqq Z \leqq 0.8) = 0.5 - 0.2881 = 0.2119$$

□

5.5　標本比率と二項母集団

新聞やニュースなどで扱われる世論調査は、例えば、内閣を支持するか、しないかの比率を表している。これは、ある特性をもつ（内閣を支持する）ものに数値 1、それ以外には数値 0 を対応させ、その比率を考察している。このような特性の比率調査を実施するために、確率変数 X を

$$X = \begin{cases} 1, & \text{特性をもつ} \\ 0, & \text{特性をもたない} \end{cases}$$

と定義し、$\mathrm{P}(X=1)=p$, $\mathrm{P}(X=1)=1-p$ $(0 \leqq p \leqq 1)$ とすると、この特性の比率が p となる。

このように、母集団において、ある特性をもつものに数値 1、それ以外には数値 0 を対応させ、母集団を 1 か 0 の数値の集まりと考えたものを **二項母集団** と呼び、母集団の特性をもつものの比率を **母比率** と呼ぶ。

定理 87
母比率 p の二項母集団に対し、母集団の確率変数 X の確率分布（＝母集団分布）は

$$\mathrm{P}(X=1)=p, \qquad \mathrm{P}(X=0)=1-p$$

であり、X の期待値 $E[X]$ 、分散 $V[X]$ 、標準偏差 $\sigma[X]$ (すなわち母平均 μ、母分散 σ^2 、母標準偏差 $\sigma[X]$) は、

$$\mu = E[X] = p, \quad \sigma^2 = V[X] = p(1-p), \quad \sigma = \sigma[X] = \sqrt{p(1-p)}$$

証明　母比率は特性の比率だから、この二項母集団から 1 個を取り出したと

きの数値（0 または 1）を確率変数 X とし、これを式で表すと

$$\mathrm{P}(X=1)=p, \qquad \mathrm{P}(X=0)=1-p$$

である、この場合の X の期待値、分散、標準偏差は、その定義より

$$\mu = E[X] = \sum_{k=1}^{\infty} x_k \, \mathrm{P}(X=x_k) = 1 \times p + 0 \times (1-p) = p,$$

$$\begin{aligned}\sigma^2 = V[X] &= \sum_{k=1}^{\infty}(x_k-\mu)^2 \, \mathrm{P}(X=x_k) = (1-p)^2 p + (0-p)^2(1-p)\\ &= (1-p)p\{(1-p)+p\} = (1-p)p,\end{aligned}$$

$$\sigma = \sigma[X] = \sqrt{\sigma^2} = \sqrt{(1-p)p}$$

□

母比率 p の二項母集団から抽出された大きさ n の標本 $X_1, \ldots, X_n$ における特性の比率を **標本比率** と呼び、$\hat{P}$ で表す。

二項母集団では、ある特性をもつものに数値 1、それ以外には数値 0 を対応させるので、各 X_k の値は、0 または 1 である。そうすると、標本の和

$$W = X_1 + \cdots + X_n = \sum_{k=1}^{n} X_k \tag{5.10}$$

の値は、$X_1, \ldots, X_n$ の中の特性をもつものの個数と一致する。この場合、復元抽出であれば、 $X_1, \ldots, X_n$ は独立であり、$W=j$ のときは、すなわち n 個の標本 $X_1, \ldots, X_n$ の中に特性をもつものの個数が j 個のときは、n 個中から j 個を取り出す組合せと考えればよい。したがって、W の確率分布は、各 X_k の値が 1 である確率は、母比率 p であるので、

$$\mathrm{P}(W=j) = {}_n\mathrm{C}_k \, p^k \, (1-p)^{n-k}, \quad (j=0,1,2,\ldots,n),$$

つまり、W は二項分布 $B(n,p)$ に従うことがわかる。

一方で、X_1、$\ldots, X_n$ の標本比率 $\hat{P}$ は、二項分布に従うわけではないが、

$$\hat{P} = \frac{\text{特性をもつものの個数}}{\text{サンプルサイズ}} = \frac{X_1 + \cdots + X_n}{n} = \frac{1}{n}\sum_{j=1}^{n} X_j = \bar{X} \tag{5.11}$$

つまり、標本比率 $\hat{P}$ は、標本平均 $\bar{X}$ と一致する。このことから、標本比率 $\hat{P}$ の性質は、標本平均 $\bar{X}$ の性質（定理84）を応用でき、定理87と合わせて、次の定理が得られる。

定理 88 (標本比率の期待値・分散・標準偏差)

母比率 p の二項母集団から復元抽出の大きさ n の標本比率 $\hat{P}$ について、次が成立する。

$$E[\hat{P}] = p, \quad V[\hat{P}] = \frac{p(1-p)}{n}, \quad \sigma[\hat{P}] = \sqrt{\frac{p(1-p)}{n}}$$

さらに、標本比率 $\hat{P}$ は、標本平均 $\bar{X}$ と一致するので、n が大きければ、中心極限定理（定理86）より、標本比率 $\hat{P}$ の分布は正規分布 $N(E[\hat{P}], V[\hat{P}]) = N\left(p, \dfrac{p(1-p)}{n}\right)$ で近似できる。

例題 5.4

ある大都市では、 昨年1年間 (365日) のうち、 73日だけ雨が降った。この大都市の住人から100人を無作為に復元抽出し、その中の昨年の誕生日に雨が降った住人の比率を $\hat{P}$ とする。

(1) 母集団を答えなさい。

(2) 母集団はどのような特性で二項母集団と考えられるか答えなさい。

(3) 二項母集団としての母比率 p を求めなさい。

(4) 標本比率 $\hat{P}$ の期待値 $E[\hat{P}]$ を求めなさい。

(5) 標本比率 $\hat{P}$ の分散 $V[\hat{P}]$ を求めなさい。

(6) 標本比率 $\hat{P}$ の標準偏差 $\sigma[\hat{P}]$ を求めなさい。

(7) 標本比率 $\hat{P}$ が16 %以上24 %以下である確率 P を正規分布で近似して求めなさい。

解答

(1) ある大都市の住人全体

(2) 昨年の誕生日に雨が降った人に 1、そうでない人に 0 を対応させると、母集団は二項母集団と考えられる。よって、特性は、昨年の誕生日に雨が「降った」「降らなかった」である。

(3) 誕生日は 365 日のうちどれかで、雨が降った日は 73 日なので、大都市の住人の誕生日を考えると、雨が降った日の比率が母比率と一致する。よって、$p = \dfrac{73}{365} = \dfrac{1}{5} (= 0.2)$

(4) 定理 88より、$E[\hat{P}] = p = \dfrac{1}{5} (= 0.2)$

(5) 定理 88より、$V[\hat{P}] = \dfrac{\dfrac{1}{5}\left(1 - \dfrac{1}{5}\right)}{100} = \dfrac{1}{625} (= (0.04)^2)$

(6) 定理 88より、$\sigma[\hat{P}] = \sqrt{\dfrac{1}{625}} = \dfrac{1}{25} (= 0.04)$

(7) 標本の大きさは $n = 100$ で大きいので、中心極限定理（定理 86）より、標本比率 $\hat{X}$ は、近似的に正規分布 $N(0.2, (0.04)^2)$ に従う。ここで、標準化して $Z = \dfrac{\hat{X} - 0.2}{0.04}$ とおくと、定理 62 より、確率変数 Z は標準正規分布 $N(0, 1)$ に従うので、標準正規分布表を用いて、

$$
\begin{aligned}
P &= \mathrm{P}(0.16 \leqq \hat{X} \leqq 0.24) \\
&= \mathrm{P}\Big(\frac{0.16 - 0.2}{0.04} \leqq \frac{\hat{X} - 0.2}{0.04} \leqq \frac{0.24 - 0.2}{0.04}\Big) \\
&= \mathrm{P}(-1 \leqq Z \leqq 1) \\
&= 2 \times \mathrm{P}(0 \leqq Z \leqq 1) = 2 \times 0.3413 = 0.6826
\end{aligned}
$$

□

5.6 大数の法則

56ページの統計的確率では、1 回 1 回ではわからないが、何回も続けていると、その起こる割合は一定に近づいていく。このような統計的確率の定義

34 の基盤となるのが、次の定理である。

定理 89 (大数の法則)
母集団からサンプルサイズ n を無作為に抽出するとき、標本平均 $\bar{X} = \frac{1}{n}\sum_{k=1}^{n} X_k$ は、n が大きくなるにつれて、母平均 μ の近くに分布する。
※ 母集団を考慮しない場合、次のように言い換えることができる。
確率変数 $X_1, \ldots, X_n$ が独立で、同一の確率分布に従うとし、$E[X_k] = \mu$ $(k = 1, 2, \ldots, n)$ とする。このとき、標本平均 $\bar{X} = \frac{1}{n}\sum_{k=1}^{n} X_k$ は、n が大きくなるにつれて、μ の近くに分布する。

証明　母分散を σ^2 とすると、母集団から抽出された n 個の標本 $X_1, \ldots, X_n$ の標本平均 $\bar{X}$ の確率分布は、中心極限定理より、正規分布 $N(\mu, \frac{\sigma^2}{n})$ で近似できる。すなわち、標本平均 $\bar{X}$ は、n が大きくなるにつれて、近似的に正規分布 $N(\mu, \frac{\sigma^2}{n})$ に従う。

したがって、$n \to \infty$ のとき、分散 $\frac{\sigma^2}{n} \to 0$ がわかる。ここで、分散が 0 に近いということは、（母）平均からの $\bar{X}$ の散布度は 0 に近いということである。つまり、標本平均 $\bar{X}$ は（母）平均の近くに集中して分布することがわかる。 □

例題 5.5

さいころを n 回投げたとき、3の目が出た回数を Y とすると、3の目が出る相対度数 $\frac{Y}{n}$ は、n が大きくなると $\frac{1}{6}$ に近づくことを大数の法則（定理 89）を用いて示しなさい。

解答　3の目が出たときに1、出なかったときに 0 を対応させると、この母集団は二項母集団と考えられる。このとき、母比率 p は3の目が出る確率と一致するので、

$$p = \frac{1}{6}$$

である。

さいころを n 回投げているので、それぞれに対応する値 $X_1, X_2, \ldots, X_n$

が標本だから、3の目が出た回数 Y は

$$Y = X_1 + \cdots + X_n = \sum_{k=1}^{n} X_k$$

であり、標本比率 $\hat{P}$ は、

$$\hat{P} = \frac{X_1 + \cdots + X_n}{n} = \frac{Y}{n},$$

ここで、母平均を μ とすると、定理 87 より

$$\mu = p = \frac{1}{6}$$

したがって、大数の法則（定理 89）より、3の目が出る相対度数 $\dfrac{Y}{n}$ は、n が大きくなると $\mu = \dfrac{1}{6}$ に近づくことがわかる。

□

第6章　統計的推定

この章では、母集団の統計量の推定について述べる。

解析対象の母集団についての特性を知るために、無作為抽出した標本から、標本平均や標本比率をなどを求めて、母集団の統計量を推測する。このように、標本をもとに、母集団に関する情報を推測することを、**統計的推定**または単に **推定** と呼ぶ。母集団に関する値のこと（たとえば、母平均、母分散など）を **母数** と呼び、母数の推定には、大きく分けて **点推定** と **区間推定** がある。すなわち、推定値で表す場合が点推定、推定に幅を持たせて区間で表す場合が区間推定である。

6.1　点推定

6.1.1　推定量と推定値

あるメーカーが製造しているバッテリーをフル充電してからのノートパソコンの駆動時間を調査しようとしても、悉皆調査はほぼ不可能に近い。いくつかを選んで標本調査して、駆動時間を測って、その平均時間がバッテリーの駆動時間と **推定** する。

一般に、標本 X_1、$\ldots, X_n$ が変数であり、この変数の計算式があれば、抽出した標本の数値を代入して、値が求められる。これが点推定である。母数を点推定するときの計算式（X_1、$\ldots, X_n$ の式）のことを **推定量** と呼び、推定量に具体的な数値を代入して得られる数値を **推定値** と呼ぶ。

例 35 18 歳の日本人の身長の平均値が知りたいとき、

(1) 18 歳の日本人の身長の平均値が母数である。

(2) 18歳の日本人から無作為抽出した人の身長を X_1、$\ldots, X_n$ とすると、これが標本である。

(3) 平均の式 $\dfrac{X_1+\cdots+X_n}{n}=\dfrac{1}{n}\displaystyle\sum_{j=1}^{n}X_j$ が推定量である。

(4) 例えば、無作為抽出した5人の身長が172, 163, 164, 177, 169 (cm) のとき、その平均値 $\dfrac{172+163+164+177+169}{5}=169$ が推定値である。

同じ母数の推定に対し、さまざまな推定量 (計算式) が存在する。より良い推定をするために、より良い推定量 (計算式) を選択することが必要である。ただ、 **より良い推定量**とはどのようなものだろうか？

確率変数 X_1、$\ldots, X_n$ の関数 $\varphi(X_1$、$\ldots, X_n)$ に対し、

$$W_n=\varphi(X_1、\ldots, X_n) \tag{6.1}$$

とおくと、W_n は確率変数である。知りたい（推定したい）母数、例えば、母平均、母分散、母比率など）を θ で表すと、W_n は母数 θ の近くに集まっていることが良い推定量と考えられる。これを式で表して考えてみよう。

まず、知りたい母数 θ と式 (6.1) の推定量 W_n の差、$W_n-\theta$ を考えるのが自然である。この差は、正の値にも負の値にもなるので、2乗して平均を考える。この2乗した平均を **平均2乗誤差（MSE：mean squared error）** と呼び、$\mathrm{MSE}(W_n,\theta)$ で表す。つまり、

$$\mathrm{P}(W_n=\varphi(x_{1k_1},\ldots,x_{nk_n}))=p_{k_1\cdots k_n}\ (\ 1\leqq k_1\leqq m_1,\ldots,1\leqq k_n\leqq m_n\ )$$

であるとき、

$$\text{平均2乗誤差：}\ \mathrm{MSE}(W_n,\theta)=E[(W_n-\theta)^2] \tag{6.2}$$
$$=\sum_{k_1,\ldots,k_n}\{\varphi(x_{1k_1},\ldots,x_{nk_n})-\theta\}^2 p_{k_1\cdots k_n}$$

である（153ページの定義80参照)。

このとき、$\mu = E[W_n]$ とすると、154 ページの定理 81 より、

$$\begin{aligned}\mathrm{MSE}(W_n, \theta) &= E[(W_n - \theta)^2] = E[\{(W_n - \mu) + (\mu - \theta)\}^2] \\ &= E[(W_n - \mu)^2 + 2(W_n - \mu)(\mu - \theta) + (\mu - \theta)^2] \\ &= E[(W_n - \mu)^2] + 2(E[W_n] - \mu)(\mu - \theta) + (\mu - \theta)^2 E[1] \\ &= E[(W_n - \mu)^2] + 2(\mu - \mu)(\mu - \theta) + (\mu - \theta)^2 \times 1 \\ &= V[W_n] + (E[W_n] - \theta)^2\end{aligned}$$

つまり、

$$\mathrm{MSE}(W_n, \theta) = V[W_n] + (E[W_n] - \theta)^2 \tag{6.3}$$

がわかった。これより、平均2乗誤差 $\mathrm{MSE}(W_n, \theta)$ は、推定量の分散 $V[W_n]$ と平均値 $E[W_n]$ によって決定されることがわかる。したがって、平均2乗誤差 $\mathrm{MSE}(W_n, \theta)$ が小さくなるためには、式 (6.3) の右辺がより小さくなることを考えればよい。式 (6.3) の右辺に現れる、推定量の平均値 $E[W_n]$ と母数 θ の差 $E[W_n] - \theta$ を推定量の **偏り（bias）** と呼ぶ。式 (6.3) の右辺の第2項 $(E[W_n] - \theta)^2$ は、推定量の偏りについての式であり、偏りが 0 のとき、すなわち、$E[W_n] = \theta$ のとき最小である。

定義 90 (推定量の平均の条件)　推定量 W_n の期待値 $E[W_n]$ が母数 θ と一致する、すなわち

$$E[W_n] = \theta$$

が成立するとき、推定量 W_n は **不偏性**があるという。一般に、不偏性がある推定量を **不偏推定量**という。

※ 平均に関しては、推測が正しいと思える推定量のことと考えられる。

推定量 W_n に不偏性があれば、すなわち、$E[W_n] = \theta$ のとき、式 (6.3) の右辺の第2項は $(E[W_n] - \theta)^2 = 0$ だから、$\mathrm{MSE}(W_n, \theta) = V[W_n]$ が成立する。これより、平均2乗誤差 MSE が小さい方がより良い推定量ので、推定量の分散が小さい方が良いと考えられる。

定義 91 (推定量の分散の条件)　不偏推定量の優劣を分散で比較するため

の条件で、2つの推定量 W_{1n}, W_{2n} に対し、

$$V[W_{1n}] < V[W_{2n}]$$

が成立するとき、 **W_{1n} は W_{2n} より有効** であるという。一般に、不偏推定量の中で分散が最小である推定量が存在すれば、その推定量を **最小分散不偏推定量** という。

※ 平均に関して推測が正しくても、その散らばりが大きいものもあれば小さいものもあるので、散らばりが小さいということは、標本を抽出するときに母数 θ に近い値を抽出する確率が高くなると考えられる。

母数として母平均、母分散を考えれば、その推定量について、次の定理が成立する。

定理 92 (母平均、母分散の不偏推定量)

母平均 μ が母分散 σ^2 がである母集団から大きさ n の標本 $X_1, \ldots, X_n$ を無作為に復元抽出するとき、

(1) 標本平均 $\bar{X} = \dfrac{1}{n}\displaystyle\sum_{j=1}^{n} X_j$ は、母平均 μ の不偏推定量である。

(2) 不偏分散 $U^2 = \dfrac{1}{n-1}\displaystyle\sum_{j=1}^{n}(X_j - \bar{X})^2$ は、母分散 σ^2 の不偏推定量である。

証明

(1) 定理 84 (2) より、$E[\bar{X}] = \mu$ が成立するので、定義 90 の条件を満たすことがわかる。

(2) 定理 84 より、

$$E[X_j] = \mu, \quad E[(X_j - \mu)^2] = V[X_j] = \sigma^2 \quad (j = 1, 2, \ldots, n),$$

$$E[(\bar{X} - \mu)^2] = E[(\bar{X} - E[\bar{X}])^2] = V[\bar{X}] = \frac{\sigma^2}{n}$$

が成立する。ここで、

$$
\begin{aligned}
\sum_{j=1}^{n}(X_j-\bar{X})^2 &= \sum_{j=1}^{n}\{(X_j-\mu)+(\mu-\bar{X})\}^2 \\
&= \sum_{j=1}^{n}\{(X_j-\mu)^2+2(X_j-\mu)(\mu-\bar{X})+(\mu-\bar{X})^2\} \\
&= \sum_{j=1}^{n}(X_j-\mu)^2+2(\mu-\bar{X})\sum_{j=1}^{n}(X_j-\mu)+\sum_{j=1}^{n}(\mu-\bar{X})^2 \\
&= \sum_{j=1}^{n}(X_j-\mu)^2+2(\mu-\bar{X})(n\bar{X}-n\mu)+n(\mu-\bar{X})^2 \\
&= \sum_{j=1}^{n}(X_j-\mu)^2+2(\mu-\bar{X})(n\bar{X}-n\mu)+n(\mu-\bar{X})^2 \\
&= \sum_{j=1}^{n}(X_j-\mu)^2-n(\mu-\bar{X})^2
\end{aligned}
$$

だから、不偏分散 $U^2=\dfrac{1}{n-1}\displaystyle\sum_{k=1}^{n}(X_k-\bar{X})^2$ に対し、

$$
\begin{aligned}
E[U^2] &= E[\frac{1}{n-1}\sum_{k=1}^{n}(X_k-\bar{X})^2] \\
&= \frac{1}{n-1}E[\sum_{j=1}^{n}(X_j-\mu)^2-n(\mu-\bar{X})^2] \\
&= \frac{1}{n-1}\left\{\sum_{j=1}^{n}E[(X_j-\mu)^2]-nE[(\bar{X}-\mu)^2]\right\} \\
&= \frac{1}{n-1}\left\{\sum_{j=1}^{n}\sigma^2-n\times\frac{\sigma^2}{n}\right\} \\
&= \frac{1}{n-1}\left\{\sum_{j=1}^{n}\sigma^2-n\times\frac{\sigma^2}{n}\right\} \\
&= \frac{1}{n-1}\left(n\sigma^2-\sigma^2\right)=\sigma^2
\end{aligned}
$$

つまり、$E[U^2]=\sigma^2$ が成立するので、母分散 σ^2 の不偏推定量である。□

さて、平均2乗誤差 MSE が小さい方がより良い推定量として考察してきたが、次に、推定量 W_n のサンプルサイズ n について考えてみよう。n が大きくなるにつれて、母数の情報が多くなるので、母数の値の推定がよりよくなると考えられる。

定義 93 (推定量の収束の条件)　サンプルサイズ n が大きくなるにつれて、 推定量 W_n が母数 θ に近づく、すなわち、任意の正の数 ε に対し

$$\lim_{n \to \infty} \mathrm{P}(\varepsilon \leqq |W_n - \theta|) = 0$$

が成立するとき、推定量 W_n は **一致性** があるという。一般に、一致性がある推定量を **一致推定量** という。

※ 推定量 W_n が母数 θ と離れた値になる確率が 0 に収束するので、サンプルサイズを大きくしていくと、推測がほぼ確実に正しいと思える推定量のことと考えられる。

推定量について、次のことが知られている。

定理 94

母平均 μ が母分散 σ^2 がである母集団から大きさ n の標本 $X_1, \ldots, X_n$ を無作為に復元抽出するとき、

(1) 母平均 μ の推定量として、標本平均 $\bar{X} = \dfrac{1}{n}\displaystyle\sum_{j=1}^{n} X_j$ は、不偏性、一致性がある。さらに、母集団分布が正規分布のときは、最小分散不偏推定量でもある。

(2) 母分散 σ^2 の推定量として、不偏分散 $U^2 = \dfrac{1}{n-1}\displaystyle\sum_{j=1}^{n}(X_j - \bar{X})^2$ は、不偏性、一致性がある。さらに、母集団分布が正規分布のときは、最小分散不偏推定量でもある。

標本分散 $S^2 = \dfrac{1}{n}\displaystyle\sum_{j=1}^{n}(X_j - \bar{X})^2$ は、一致性はあるが、不偏性は無い。

(3) 二項母集団の母比率 p の推定量として、標本比率 $\hat{P} = \frac{1}{n}\sum_{j=1}^{n} X_j$ は、不偏性、一致性があり、最小分散不偏推定量でもある。

例題 6.1

あるメーカーが工場で製造している単 3 電池から、 10 個の製品を復元抽出し、重さを測定して、次のような結果を得た。

$$23.3, 22.8, 24.0, 23.1, 23.5, 22.9, 23.2, 22.7, 23.5, 23.0 \text{ (g)}$$

(1) 母集団を答えなさい。

(2) 母平均の不偏推定値を求めなさい。

(3) 母分散の不偏推定値を求めなさい。

解答

(1) 母集団はあるメーカーが工場で製造している全ての単 3 電池の重さ。

(2) 母平均の不偏推定量は、定理 92 (1)、定理 94 (1) より標本平均 $\bar{X} = \frac{1}{n}\sum_{j=1}^{n} X_j$ だから、これらに測定値を代入して計算すれば不偏推定値が得られる。よって、母平均の不偏推定値は、

$$\bar{X} = \frac{1}{10}(23.3 + 22.8 + 24.0 + 23.1 + 23.5 + 22.9 + 23.2 + 22.7 + 23.5 + 23.0) = 23.2 \text{ (g)}.$$

(3) 母分散の不偏推定量は、定理 92 (2)、定理 94 (2) より不偏分散 $U^2 = U^2 = \frac{1}{n-1}\sum_{j=1}^{n}(X_j - \bar{X})^2$ だから、これらに測定値を代入して計算すれば不偏推定値が得られる。よって、母分散の不偏推定値は、

$$U^2 = \frac{1}{10-1}\{0.1^2 + (-0.4)^2 + 0.8^2 + (-0.1)^2 + 0.3^2 + (-0.3)^2 + 0^2 + (-0.5)^2 + 0.3^2 + (-0.2)^2\} = 0.153$$

□

6.1.2　推定量の誤差

推定は、標本をもとに、母数 θ を推測するので、標本から得られる推定量 W_n には誤差がある。175ページの平均 2 乗誤差 $\mathrm{MSE}(W_n,\theta)$ は、その１つでもあるが、式 (6.3) より、推定量の偏りと分散で表せる。ここで、推定量の分散は、推定量の分布が、その平均値の周りにどれくらいの散らばり方をしているかを表す量である。ただ、分散の単位は、推定量の単位が一致しない。そこで、正の平方根を考えることにより、推定量と同じ単位で推定量の誤差の評価として用いることにする。

定義 95 (標準誤差)　推定量 W_n の標準誤差（standard error）を次のように定義する。

推定量の標準誤差：
$$S_e = S_e[W_n] = \sqrt{V[W_n]} \tag{6.4}$$
$$= \sqrt{\sum_{k_1,\ldots,k_n} \{\varphi(x_{1k_1},\ldots,x_{nk_n}) - \theta\}^2 p_{k_1\cdots k_n}}$$

特に、母集団から標本 $X_1,\ldots,X_n$ を復元抽出し、母平均 μ を標本平均 $W_n = \bar{X} = \dfrac{1}{n}\displaystyle\sum_{j=1}^{n} X_j$ で推定する場合、母分散 σ^2 が既知であれば、定理 84 より

$$S_e[\bar{X}] = \sqrt{V[\bar{X}]} = \frac{\sigma}{\sqrt{n}}$$

である。

もし母分散 σ^2 が未知であれば、母分散の不偏推定量である不偏分散 $U^2 = \dfrac{1}{n-1}\displaystyle\sum_{j=1}^{n}(X_j - \bar{X})^2$ で代用し、

$$S_e[\bar{X}] = \frac{U}{\sqrt{n}}$$

とする。ただし、n が小さければ、不偏分散 U^2 で代用したときの S_e の値の誤差が大きくなることに注意する。

例題 6.2

ある工場で製造される製品について、その重さの分散は 40 であることがわかっている。この工場の製品の重さを無作為に 10 個測ったら、

223, 227, 221, 226, 224, 229, 220, 225, 223, 222 （g）

であった。このデータから母平均の不偏推定値 $\bar{x}$ とその標準誤差 S_e を求めなさい。

解答　標本平均 $\bar{X}$ は、母平均の不偏推定量だから、このデータから母平均の不偏推定値 $\bar{x}$ を求めると、

$$\bar{x} = \frac{1}{10}(223+227+221+226+224+229+220+225+223+222) = 224\,(g)$$

である。また、母分散が $\sigma^2 = 40$ だから、求める標準誤差 S_e は、

$$S_e = \frac{\sigma}{\sqrt{n}} = \frac{\sqrt{40}}{\sqrt{10}} = 2\,(g)$$

□

例題 6.3

ピッチングマシンを購入したので、球速を時速 138km に設定し、無作為に 12 回測定した結果、次のようなデータが得られた。

143, 138, 144, 135, 142, 137, 131, 140, 138, 142, 135, 137 （km／h）

このデータから標本平均 $\bar{X}$ の標準誤差 S_e を求めなさい。

解答　標本平均 $\bar{X}$ を求めると、

$$\bar{X} = \frac{1}{12}(143 + 138 + 144 + \cdots + 142 + 135 + 137) = 138.5$$

である。ここで、母分散が未知であるので、不偏分散の値 u^2 を求めると、

$$u^2 = \frac{1}{11}\{(143 - 138.5)^2 + \cdots + (137 - 138.5)^2\} = \frac{163}{11}$$

である。したがって、求める標準誤差 S_e は、母分散が未知であるので不偏分散で代用し、

$$S_e = \frac{u}{\sqrt{n}} = \frac{1}{\sqrt{12}}\sqrt{\frac{163}{11}} = \sqrt{\frac{163}{132}} \fallingdotseq 1.11$$

□

6.2　区間推定

点推定では、母数 θ を抽出した標本を基に推定値を求めた。ただし、当然のことながら、その推定値には誤差が存在する。そこで、その誤差を考慮して母数 θ が存在するような区間を推定することを考える。これが **区間推定** である。

6.2.1　信頼度と信頼区間

区間推定では、推定に幅がある。この推定区間・推定幅が大きければ、母数 θ がその区間に存在する確率は高くなることは言うまでもない。例えば、例えば、日本人の 20 歳以上の身長の平均値を知りたい場合、140 ｃｍ〜190 ｃｍ の区間に存在すると推定するわけである。この場合の推定区間 140 ｃｍ〜190 ｃｍ に母数 θ（それら身長の平均値）は、ほぼ間違いなく存在すると思われる。しかしながら、この推定区間 140 ｃｍ〜190 ｃｍ に推定の意味があるだろうか？

区間推定では、推定幅が広ければ、その区間に目的の母数が存在する確率が高くなるが、推定幅が広過ぎれば役に立たない。一方、推定幅が狭ければ、目的の母数の詳細な推定にはなるが、その区間に母数が存在する確率（信頼度）が低くなってしまい、これでは、点推定とほぼ同様である。つまり、区間推定では、推定区間・推定幅が広過ぎず狭過ぎず、そのバランスをどうするかが難しい。そこで、そのバランスを数値化するわけである。

母数がその推定区間に存在しない確率を α　$(0 < \alpha < 1)$ とすると、母数がその推定区間に存在する確率は $(1 - \alpha)$ である。この存在する確率 $1 - \alpha$ を推定区間の **信頼度** といい、その区間は、信頼度 $1 - \alpha$ の **信頼区間** という。

式を用いて表せば、標本 $X_1, \ldots, X_n$ から作られる推定量 W_{1n}, W_{2n} に対し、母数 θ の信頼度 $(1-\alpha)$ の信頼区間 $[W_{1n}, W_{2n}] = \{W_{1n} \leqq x \leqq W_{2n}\}$ は、

$$\mathrm{P}(W_{1n} \leqq \theta \leqq W_{2n}) = 1 - \alpha$$

を満たすことである。

6.2.2　母平均の区間推定

母集団から無作為に復元抽出された標本 $X_1, \ldots, X_n$ から、母平均 μ を信頼度 $(1-\alpha)$ で区間推定しよう。利用する推定量は、標本平均 $\bar{X} = \dfrac{1}{n}\sum_{j=1}^{n} X_j$ である。次の2つの場合について考えてみる。

【1】 母集団が正規分布で、母分散 σ^2 が既知の場合

166 ページの定理 85 より、確率変数として標本平均 $\bar{X}$ は、正規分布 $N(\mu, \dfrac{\sigma^2}{n})$ に従う。そこで、標準化して $Z = \dfrac{\bar{X}-\mu}{\sqrt{\frac{\sigma^2}{n}}}$ とおくと、定理 62 より、確率変数 Z は標準正規分布 $N(0,1)$ に従う。よって、信頼度 $(1-\alpha)$ は母平均がその推定区間に存在する確率だから、

$$\mathrm{P}(|Z| \leqq c) = 1 - \alpha$$

を満たす c を求めることになる。c の値が求まれば、

$$|Z| \leqq c \iff -c \leqq Z \leqq c \iff -c \leqq \frac{\bar{X}-\mu}{\sqrt{\frac{\sigma^2}{n}}} \leqq c$$

したがって、

$$\bar{X} - \frac{c\,\sigma}{\sqrt{n}} \leqq \mu \leqq \bar{X} + \frac{c\,\sigma}{\sqrt{n}} \tag{6.5}$$

が得られ、これに標本平均 $\bar{X}$ の実現値を代入すれば、母平均 μ に対する信頼度 $(1-\alpha)$ の信頼区間がわかる。

例題 6.4

母集団分布が $N(\mu, 2)$ である母集団から、大きさ 50 の標本を無作為に復元抽出したとき、その標本の平均値が 30 であった。このデータより、母平均 μ に対する信頼度 99 %の信頼区間を求めなさい。

解答　条件より、母集団分布は正規分布であり、母分散 $\sigma^2 = 2$ であり、サンプルサイズ $n = 50$、標本平均の実現値 $\bar{X} = 30$ がわかる。これより、確率変数として標本平均 $\bar{X}$ は、定理 85 より、正規分布 $N(\mu, \frac{2}{50}) = N(\mu, 0.04)$ に従い、標準化して

$$Z = \frac{\bar{X} - \mu}{\sqrt{0.04}} = \frac{\bar{X} - \mu}{0.2}$$

とおくと、定理 62 より、確率変数 Z は標準正規分布 $N(0, 1)$ に従う。よって、標準正規分布の対称性より、

$$\mathrm{P}(|Z| \leqq c) = 0.99 \iff \mathrm{P}(-c \leqq Z \leqq c) = 0.99 \iff 2\mathrm{P}(0 \leqq Z \leqq c) = 0.99$$

すなわち、$\mathrm{P}(0 \leqq Z \leqq c) = \frac{0.99}{2} = 0.495$ を満たす c を求める。

標準正規分布表（など）により、$c = 2.575$ が得られる。したがって、

$$-2.575 \leqq Z \leqq 2.575 \quad \iff \quad -2.575 \leqq \frac{\bar{X} - \mu}{0.2} \leqq 2.575$$

つまり、

$$\bar{X} - 0.515 \leqq \mu \leqq \bar{X} + 0.515$$

が得られる。これに標本平均の実現値 $\bar{X} = 30$ を代入して、求める 99 %の信頼区間は、$29.485 \leqq \mu \leqq 30.515$ である。　□

【２】 母集団分布は不明だが、標本の大きさ n が大きい場合

167 ページの中心極限定理（定理 86）より、確率変数として標本平均 $\bar{X}$ は、近似的に正規分布 $N(\mu, \frac{\sigma^2}{n})$ に従う。

ここで、母分散 σ^2 が既知であれば、以後【１】と同様にして、信頼度 $(1-\alpha)$ の信頼区間を求めることができる。

母分散 σ^2 が不明であれば、σ^2 の不偏推定量である不偏分散 U^2 の実現値 u^2 で代用して、$\bar{X}$ は、近似的に正規分布 $N(\mu, \frac{u^2}{n})$ に従うと考えてよい。標

準化して $Z = \dfrac{\bar{X} - \mu}{\sqrt{\frac{u^2}{n}}}$ とおくと、定理62 より、確率変数 Z は標準正規分布 $N(0,1)$ に従う。よって、【1】の場合と同様に

$$\mathrm{P}(|Z| \leqq c) = 1 - \alpha$$

を満たす c を求めて、

$$\bar{X} - \frac{c\,u}{\sqrt{n}} \leqq \mu \leqq \bar{X} + \frac{c\,u}{\sqrt{n}} \tag{6.6}$$

これに標本平均 $\bar{X}$ の実現値を代入すれば、母平均 μ に対する信頼度 $(1-\alpha)$ の信頼区間が得られる。

例題 6.5

あるメーカーが工場で製造しているボタン電池から無作為に 100 個を復元抽出して、その重さを測定したところ、その平均値は 5.8（g）、不偏分散は 0.16 であった。このデータより、このメーカーが工場で製造しているボタン電池全体の重さの平均 μ を信頼度 95 %で区間推定しなさい。

解答 条件より、母集団分布は不明であるが、サンプルサイズ $n = 100$ は大きいので、中心極限定理（定理86）より、不偏分散の実現値 $u^2 = 0.16$ を用いて、確率変数として標本平均 $\bar{X}$ は、近似的に正規分布 $N(\mu, \dfrac{0.16}{100}) = N(\mu, 0.04^2)$ に従う。

標準化して

$$Z = \frac{\bar{X} - \mu}{\sqrt{0.04^2}} = \frac{\bar{X} - \mu}{0.04}$$

とおくと、定理62 より、確率変数 Z は標準正規分布 $N(0,1)$ に従う。よって、標準正規分布の対称性より、

$$\mathrm{P}(|Z| \leqq c) = 0.95 \iff \mathrm{P}(0 \leqq Z \leqq c) = \frac{0.95}{2} = 0.475$$

を満たす c を求める。

標準正規分布表（など）により、$c = 1.96$ が得られる。したがって、

$$-1.96 \leqq Z \leqq 1.96 \quad \iff \quad -1.96 \leqq \frac{\bar{X} - \mu}{0.04} \leqq 1.96$$

つまり、

$$\bar{X} - 0.0784 \leqq \mu \leqq \bar{X} + 0.0784$$

が得られる。これに標本平均の実現値 $\bar{x} = 5.8$ を代入して、求める 95 %の信頼区間は、$5.7216 \leqq \mu \leqq 5.8784$ である。 □

6.2.3 母比率の区間推定

母比率は、第 5.5 節で述べたように、二項母集団において母集団の特性をもつものの比率である。母比率の標本調査は身近なもので、例えば視聴率調査は、全世帯に対し、番組を「観た」「観なかった」という特性で二項母集団と考えて、その母比率を視聴率として調査するわけである。母集団の要素の個数は、実際には有限な場合が多いが、無限とみなせるくらい大きい場合を考える。このとき、二項母集団に対して、標本の大きさ n が大きい場合、母比率 p を信頼度 $(1-\alpha)$ で区間推定することを考えよう。

169 ページの式 (5.11) より、標本比率 $\hat{P}$ は、標本平均 $\bar{X}$ と一致し、さらに、n が大きければ、中心極限定理（定理 86）を適用し、定理 87 より、標本比率 $\hat{P}$ の分布は、正規分布 $N(\mu, \dfrac{\sigma^2}{n}]) = N(p, \dfrac{p(1-p)}{n})$ で近似できる。そこで、標準化して $Z = \dfrac{\hat{P}-p}{\sqrt{\frac{p(1-p)}{n}}}$ とおくと、定理 62 より、確率変数 Z は標準正規分布 $N(0,1)$ に従う。よって、信頼度 $(1-\alpha)$ は母平均がその推定区間に存在する確率だから、

$$\mathrm{P}(|Z| \leqq c) = 1 - \alpha$$

を満たす c を求めることになる。c の値が求まれば、したがって、

$$\hat{P} - c\sqrt{\frac{p(1-p)}{n}} \leqq p \leqq \hat{P} + c\sqrt{\frac{p(1-p)}{n}} \tag{6.7}$$

が得られるが、辺々に p が混じっているので、この不等式を p について解く必要がある。

では、少し戻って解いてみよう。$q = 1-p$ とおくと、

$$|Z| \leqq c \iff |Z|^2 \leqq c^2 \iff \left|\frac{\hat{P}-p}{\sqrt{\frac{pq}{n}}}\right|^2 \leqq c^2 \iff (\hat{P}-p)^2 \leqq c^2\frac{pq}{n}$$

$q = 1 - p$ を元に戻して、

$$n(\hat{P}^2 - 2\hat{P}p + p^2) \leqq c^2 p(1-p) \iff (n+c^2)p^2 - (2n\hat{P} + c^2)p + n\hat{P}^2 \leqq 0$$

この2次不等式を解いて、

$$\frac{(2n\hat{P} + c^2) - c\sqrt{c^2 + 4n\hat{P}(1-\hat{P})}}{2(n+c^2)} \leqq p \leqq \frac{(2n\hat{P} + c^2) + c\sqrt{c^2 + 4n\hat{P}(1-\hat{P})}}{2(n+c^2)} \tag{6.8}$$

が得られ、これに標本比率 $\hat{P}$ の実現値 $\hat{p}_0$ を代入すれば、母比率 p に対する信頼度 $(1-\alpha)$ の信頼区間がわかる。

もちろん、式 (6.8) でも良いのだが、少し複雑になったので、式 (6.7) に戻ってみよう。n は十分に大きいので、大数の法則（定理 89）により、標本比率 $\hat{P}$ は母比率 p の近くに分布する。さらに、定理 94 より、$\hat{P}$ は p の母比率 p の推定量として、不偏性、一致性があり、最小分散不偏推定量でもあるので、正規分布 $N(p, \dfrac{p(1-p)}{n})$ で近似するときに、その分散 $\dfrac{p(1-p)}{n}$ における p を標本比率 $\hat{P}$ の実現値 $\hat{p}_0$ で近似して、$\dfrac{\hat{p}_0(1-\hat{p}_0)}{n}$ とする。そうすると、

$$\text{標本比率 } \hat{P} \text{ は、近似的に正規分布 } N(p, \frac{\hat{p}_0(1-\hat{p}_0)}{n}) \text{ に従う} \tag{6.9}$$

と考えられる。先ほどと同様に、標準化して計算するので、式 (6.7) の左右の辺における p を $\hat{p}_0$ で置き換えることになり、

$$\hat{P} - c\sqrt{\frac{\hat{p}_0(1-\hat{p}_0)}{n}} \leqq p \leqq \hat{P} + c\sqrt{\frac{\hat{p}_0(1-\hat{p}_0)}{n}} \tag{6.10}$$

が得られ、これに標本比率 $\hat{P}$ の実現値 $\hat{p}_0$ 代入すれば、母比率 p に対する信頼度 $(1-\alpha)$ の信頼区間がわかる。この式 (6.10) においては、

(1) 有限母集団を無限母集団とみなす。

(2) 中心極限定理を適用して正規分布で母集団分布を近似する。

(3) p を、その推定量として、不偏性、一致性があり、最小分散不偏推定量 $\hat{P}$ の実現値 $\hat{p}_0$ を用いて近似する。

という 3 つの近似が用いられている。このような近似を適用しているが、標本の抽出率（$=\dfrac{\text{標本の個数}}{\text{母集団の個数}}$）が極端に大きくない限り、式 (6.10) の区間推定は、式 (6.8) とそれほど変わらず、有用である。

例題 6.6

20000 人の人が投票した選挙において、 100 票が開票された時点で、ある候補者の得票数が 36 票であった、このデータより、開票が完了したときの状況を推定したい。

(1) 開票が完了したとき、標本比率の分布を正規分布で近似して、この候補者の得票率 p を信頼度 95 %で区間推定しなさい。ただし、正規分布で近似するときの分散は、標本比率の実現値を用いて代用することとする。

(2) (1) の結果より、開票が完了したときの候補者の得票数 K を信頼度 95 %で区間推定しなさい。

解答 (1) 条件より、母集団は、20000 人の投票、すなわち 20000 票と考えられ、その母比率が得票率 p であり、サンプルサイズ $n=100$、標本比率の実現値 $\hat{p}_0=\dfrac{36}{100}=0.36$ がわかる。

このとき、n が大きいので、(6.9) より、確率変数として標本比率 $\hat{P}$ は、近似的に正規分布 $N(p,\dfrac{0.36\times(1-0.36)}{100})=N(p,0.048^2)$ に従う。

よって、標準化

$$Z=\frac{\hat{P}-p}{0.048}$$

すると、定理 62 より、確率変数 Z は標準正規分布 $N(0,1)$ に従う。

よって、標準正規分布の対称性より、

$$\mathrm{P}(|Z|\leqq c)=0.95 \iff 2\mathrm{P}(0\leqq Z\leqq c)=0.95$$

すなわち、$\mathrm{P}(0\leqq Z\leqq c)=\dfrac{0.95}{2}=0.475$ を満たす c を求める。

標準正規分布表（など）により、$c=1.96$ が得られる。したがって、

$$-1.96\leqq Z\leqq 1.96 \quad\iff\quad -1.96\leqq\frac{\hat{P}-p}{0.048}\leqq 1.96$$

つまり、

$$\hat{P} - 0.09408 \leqq p \leqq \hat{P} + 0.09408$$

が得られる。これに標本比率の実現値 $\hat{p}_0 = 0.36$ を代入して、求める 95 %の信頼区間は、$0.26592 \leqq p \leqq 0.45408$ である。

(2) 得票率は $p = \dfrac{K}{20000}$ だから、(1) より求める区間は、

$$0.26592 \leqq \frac{K}{20000} \leqq 0.45408 \iff 5318.4 \leqq K \leqq 9081.6$$

□

第7章　統計的仮説検定

この章では、仮説を立てて、それが妥当なのかを統計的、確率的に判断する仮説検定について述べる。

統計的推定は、母集団から無作為に標本を抽出して、母数についての量的な推測を行う。しかしながら、推定はしたものの何も判断してはいない。例えば、旧製品から改良した新製品を開発したとき、改良したと思われるだけで、それは自己申告で何も判断材料がない。作動音が静かになったか？省エネルギーで消費電力が減少したか？などについて、具体的な数値を挙げて仮説を立て、その仮説について調査し、確率・統計的に仮説の妥当性を判断することを **統計的仮説検定** 、または **仮説検定**、単に **検定** と呼ぶ。

※ 具体的には、検定に応じた統計量と標本分布を考察することになる。

7.1　危険率・棄却域・有意水準

仮説検定について、次の例 36、例 37 を考えてみよう。

例 36 スポーツの試合において、、先攻・後攻、サーブ権などを決定する場合、開始前のコイントスの表・裏を利用する場面が見られる。このコインの表・裏が出る可能性が、同様に確からしくなるように、公正にコインが作製されているかというのは気になるところである。

コイン A は、10 回投げて 10 回とも表が出た。コイン A は公正に作製されているだろうか？また、コイン B は、2 回投げて 2 回とも表が出た。コイン B は公正に作製されているだろうか？

試行回数は違うが、どちらの場合も試行の回数に対する比率は、$\frac{10}{10} = \frac{2}{2} =$ 100 %である。

この例36において、仮定として、コインA、Bのどちらも、公正にコインが作製されている、すなわち、表と裏の出る確率は同じと仮定する。そう仮定すると、表が出る確率 p は $p = \dfrac{1}{2}$ である。この仮定を用いて、表の出た回数により、その確率を求める。

コインAの場合

10回投げて10回とも表が出る確率は（第3.3.5節：二項分布を参照）

$$ {}_{10}C_{10}\left(\frac{1}{2}\right)^{10}\left(1-\frac{1}{2}\right)^{10-10} = \frac{1}{1024} = 0.00097656 \fallingdotseq 0.1\ \% $$

だから、ほとんど起こらないことが起こったことになる。これは「表と裏の出る確率は同じ」とは思えない、つまり、仮定が正しいとは思えない。

このように、仮説を立てて、起こった事に対して、その仮説の妥当性をその確率などを用いで判定するのが仮説検定である。

注1. 実際、表と裏の出る確率は同じように作製されていても、10回ともすべて表が出ることがあり、その場合、「仮定が正しくない」という結論は、間違った結論を出したことになる。このような過誤（誤り）は **第1種の誤り** と呼ばれる。

コインBの場合

2回投げて2回とも表が出る確率は

$$ {}_{2}C_{2}\left(\frac{1}{2}\right)^{2}\left(1-\frac{1}{2}\right)^{2-2} = \frac{1}{4} = 0.25 = 25\ \% $$

だから、4回に1回の割合で起こりうることが起こったことになる。これは「表と裏の出る確率は同じ」でないとは思えない、つまり、仮定が正しくないわけではない。

注2. 実際、表と裏の出る確率が同じでなくても、2回ともすべて表が出ることがあり、その場合、「正しい」という結論は、間違った結論を出したことになる。このような過誤（誤り）は **第2種の誤り** と呼ばれる。

注3. そもそも2回の試行で判断するというのは如何なものだろう？上記

で**「正しくないわけではない」と「正しい」は、完全な同義語ではない**ことに注意しよう。二重否定は肯定だと思われているが、「借りた写真集を返さないわけではない」は、「返す」と言っているのでしょうかね？微妙なニュアンスではあるが、やんわりと否定的な意味合いを含んだ曖昧な表現であることを理解していただければ幸いである。数学で曖昧なことがあるのかとお思いの読者もいらっしゃるだろうが、統計的分野では、数値は正しいが、その数値の解釈が正しいかどうかを示すのは難しいことだったりする。

では、数値の解釈として、ほとんど起こらないと判断する確率の値はどうなんだろう？非常にまれなケースではあるが、偶発的に起こる場合、いわゆる**偶然の確率**は、経験的ではあるが、5 %（= 0.05）、場合によっては 1 %（= 0.01）だと言われている。これを踏まえて、次の例を考えよう。

例 37 コイン C は、100 回投げて 55 回表が出た。コイン C は公正に作製されているだろうか？この場合、試行の回数に対する比率（実現率）は、$\dfrac{55}{100} =$ 55 %である。

例 36 と同様に、コイン C の表と裏の出る確率は同じと仮定すると、表が出る確率 p は $p = \dfrac{1}{2}$ である。

コイン C の場合

100 回投げて 55 回表が出る確率は（第 3.3.5 節：二項分布を参照）

$$ {}_{100}\mathrm{C}_{55} \left(\frac{1}{2}\right)^{55} \left(1 - \frac{1}{2}\right)^{100-55} \fallingdotseq 0.0485 = 4.85\ \% $$

だから、偶然の確率 5 %と比べても非常にまれなケースが起こったことになる。そうすると、「表と裏の出る確率は同じ」とは思えないという結論で良いのだろうか？

※ いやいやコイン C は、100 回投げて表が 55 回出たので、実現率 55 %がほぼ $\dfrac{1}{2}$ であり、「表と裏の出る確率は同じ」でないとは思えない。

では、この例 37 において、確率は 4.85 %だが、実現率は 55 % $\fallingdotseq \dfrac{1}{2}$ である状況をどう解釈すればよいのだろう？

求めた確率 0.0485=4.85 %の計算は正しいので、ほとんど起こらないことが起こったのは間違いない。そもそも、この確率 4.85 %は、100 回投げて表がちょうど 55 回だけ出る確率である。つまり、100 回も投げると、ぴったり 55 回だけ表が出ることを予想してその予想が当たることは、ほとんど起こらないということを表す数値なのである（51 ページの例 20 参照）。要するに、非常にまれなケースが起こったことになるわけであるが、そのことから。「表と裏の出る確率は同じ」とは思えないという判断をしたところに、それは如何なものかという疑義が生じるのである。

というわけで、この例では、「表と裏の出る確率は等しい」と仮定して、標本調査の結果から統計量による確率が 5 %、あるいは 1 %になる範囲を求めて、その範囲と実現値から、この仮定の妥当性を判定している。このように、仮説を立てて、その仮説が標本調査の結果から妥当かどうかを判断することを **仮説検定** という。この例 37 についての検定は、202 ページの例題 7.4 で述べることにする。

上記に記述した仮説検定について、用語を導入し説明する。

仮説検定

(1) 母数 θ に対し、対象となる値 θ_0 を決め、仮説（hypothesis）: $\theta = \theta_0$ を立てる。

(a) 立てた仮説を **帰無仮説** といい、H_0 で表す
「変化なし・等しい」などの設定で、等式「=」で表す。

(b) 帰無仮説が正しくないと想定した仮説を **対立仮説** といい、H_1 で表す
「変化あり・異なる」などの設定で、不等式「<」「≠」で表す。

※ まず仮説を立てるので、ここには調査結果（実現値）x_0 は記載されないことに注意する。

※ 本書は入門書なので、帰無仮説を等式、対立仮説を不等式で表すとしたが、これは決まっているわけではない。

(2) 基準となる確率 α を決める。この決めた確率 α を **有意水準** と呼ぶ（ **危険率** とも呼ばれる：後述の式 (7.1) 辺り参照)。

(3) 統計量 X を確率統計的に計算し、有意水準（危険率）α に対応する範囲（レンジ：Range）R を求める。この検定統計量の範囲を **棄却域** と呼ぶ。

(4) 調査・観測した実現値 x_0 と棄却域 R から H_0 の妥当性を判断する。

(a) 実現値 x_0 が**棄却域になければ**、H_0 は**棄却されない**（結果的に H_1 を棄却する)。

(b) 実現値 x_0 が**棄却域にあれば**、H_0 は**棄却され**、有意水準（危険率）α で H_1 を採択する。

※ **過誤：第 1 種の誤り・第 2 種の誤り** （192 ページの注 1、注 2 参照）

第 1 種の誤り：H_0 は正しいのに、 H_0 は棄却される誤り

第 2 種の誤り：H_0 は正しくないのに、 H_0 は棄却されない誤り

（検定の誤り）	H_0 は棄却されない	H_0 は棄却される
H_0 は正しい	妥当	第 1 種の誤り
H_0 は正しくない	第 2 種の誤り	妥当

第 1 種の誤りは「うっかりさんの誤り」、第 2 種の誤りは「ぼんやりさんの誤り」とも呼ばれ、両方の誤りの確率が小さい方が望ましいが、一般には同時に最小になるような検定は存在しないことが知られている。

第 1 種の誤りを起こす確率 $\breve{\alpha}$ を **危険率** と呼ぶ。この確率 $\breve{\alpha}$ は、帰無仮説 H_0:$\theta = \theta_0$ の有意水準 α の棄却域 R に対し、統計量 X の実現値 x_0 が R に入ってしまう確率である。すなわち、

$$\breve{\alpha} = \mathrm{P}(X \in R) \quad R\text{: } H_0 \text{ の有意水準 } \alpha \text{ の棄却域} \tag{7.1}$$

である。このとき、有意水準 α に対応する範囲が棄却域 R なので、実現値 x_0 が R に入る確率は当然 α である。つまり、**危険率** $\breve{\alpha}$ = **有意水準** α である。

第2種の誤りを起こす確率 β は、帰無仮説 H_0:$\theta = \theta_0$ が正しくない場合に起こる確率であるから、$\theta = \theta_0$ 以外の値全部が対象となる。したがって、一般には1つには決まらず、その誤りの確率 β の値は定まらない。つまり、「H_0 は棄却されない」という結論には第2の誤りの確率が計算されていないことになる。一方で、「H_0 は棄却される」という結論には、第1種の誤りを起こす確率 α（危険率、有意水準）が考慮されている。要するに、この仮説検定では、**「H_0 は棄却される」場合は、その誤りの確率（危険率）α を有意水準として先に設定して示しているが、「H_0 は棄却されない」場合は、その誤りの確率 β が示せず、帰無仮説 H_0 の肯定的な根拠が希薄になってしまう** ことになる（192 ページの注3参照）。もっと極端に言えば、「H_0 は棄却されない」場合は何もわからず「無に帰ってしまう」ことになるので、H_0 には棄却されることを期待する。これが、「帰無仮説」と呼ばれる所以であろう。

第2種の誤りを起こさない確率 $1 - \beta$ は、第2種の誤りを判明させる確率であるので、**検出力** と呼ばれる（205ページからの 7.4 節で記述）。

7.2 片側検定・両側検定

仮説検定において、母数 θ に対し、対象となる値 θ_0 を決め、帰無仮説 H_0:$\theta = \theta_0$ に対し、$c > 0$ を適切にとるとする。

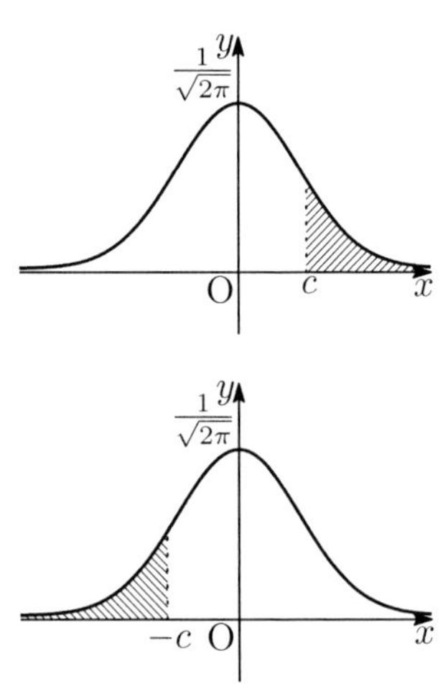

- 対立仮説を H_1:$\theta > \theta_0$ とし、棄却域を $R = \{c < x\}$ に設定する仮説検定を **右側検定** という
- 対立仮説を H_1:$\theta < \theta_0$ とし、棄却域を $R = \{x < -c\}$ に設定する仮説検定を **左側検定** という
- 対立仮説を H_1:$\theta \neq \theta_0$ とし、棄却域を $R = \{c < |x|\} = \{x < -c, c < x\}$ に設定する仮説検定を **両側検定** という。

右側検定と左側検定を総称して、**片側検定** という.

検定を実施するためには、その目的が存在する。例えば、作動音を小さくなるように旧製品を改良した新製品について、実際に作動音の標本平均は小さくなっているが、それは本当に作動音が小さくなっていると主張できるかを検定する場合、旧製品の作動音を θ_0 とし、新製品の作動音を θ すると、帰無仮説は $H_0{:}\theta = \theta_0$、つまり、旧製品と変わらない。これに対し、対立仮説は $H_1{:}\theta < \theta_0$、つまり、旧製品より小さいとすることになり、左側検定をすることになる。このように、その **目的に応じて、帰無仮説に対し、対立仮説を立てて検定する** のである。

例題 7.1

あるメーカーの家庭用発電機の稼働時の音の大きさの平均は、55（dB）だった。その後、新製品を発売することになったので、新製品のうち 10 台を無作為に抽出し調べたところ、音の大きさの平均は 50（dB）であった。新製品の音の大きさの母平均を μ として、従来品より改良されたかどうか、この結果から検定する。

(1) 検定対象の母集団を答えなさい。

(2) 帰無仮説 H_0 を式で表しなさい。

(3) 対立仮説 H_1 を式で表しなさい。

(4) 有意水準 1 %の棄却域 R を求めなさい。ただし、音の大きさは、母分散 10 の正規分布に従うとする

(5) 有意水準 1 %の検定の結論を述べなさい。

解答 新製品の音の大きさ X が、従来品より改良されたかということは、音が小さくなったことを主張したいことに注意する。

(1) 検定対象の母集団は、新製品の全部の発電機の音。

(2) 従来品と変化なしと仮定するので、H_0 は $\mu = 55$ と表せる。

(3) 改良されたかどうかなので、音が小さくなったことを主張したい。

つまり、片側検定であり、H_1 は $\mu < 55$ と表せる。

(4) H_0 より、音の大きさ X は、正規分布 $N(55, 10)$ に従うので、標本平均 $\bar{X}$ は、定理 85 より、正規分布 $N(55, \frac{10}{10}) = N(55, 1)$ に従い、標準化して

$$Z = \frac{\bar{X} - 55}{\sqrt{1}} = \bar{X} - 55$$

とおくと、定理 62 より、確率変数 Z は標準正規分布 $N(0, 1)$ に従う。

このとき、有意水準 1 %なので、(3) より

$$\mathrm{P}(Z < -c) = 0.01 \iff 0.5 - \mathrm{P}(0 \leqq Z \leqq c) = 0.01 \iff \mathrm{P}(0 \leqq Z \leqq c) = 0.49$$

を満たす c を求めることになる。

標準正規分布表（など）により、$c = 2.326$ が得られる。これより、

$$Z < -2.326 \iff \bar{X} - 55 < -2.326 \iff \bar{X} < 52.674$$

したがって、有意水準 1 %の棄却域は $R = \{x < 52.674\}$ である。

(5) 実現値は 50 (dB) で、(4) で求めた棄却域 R に入っていることがわかる。したがって、帰無仮説は棄却される。つまり、有意水準 1 %においてこのデータからは、新製品の音は小さくなったと思われる。 □

例題 7.2

昨年の給与所得者の年収の平均は、400（万円）であった。今年の年収の平均を調べるために、給与所得者 36 人を無作為に抽出したところ、平均は 385（万円）だった。昨年の平均とほとんど変わらないように思われるが、今年の給与所得者の年収の平均を μ として検定する。

(1) 帰無仮説 H_0 を式で表しなさい。

(2) 対立仮説 H_1 を式で表しなさい。

(3) 有意水準 5 %の棄却域 R を求めなさい。ただし、標本の不偏分散は 3600 である。

(4) 有意水準 5 %の検定の結論を述べなさい。

解答　昨年と今年の年収が変わったかどうかを検定したいことに注意する。

(1) 昨年と今年の年収が変わらないと仮定するので、H_0 は $\mu = 400$ と表せ

る。

(2) 変わったことを検定したいので、両側検定であり、H_1 は $\mu \neq 400$ と表せる。

(3) 条件より、母集団分布は不明であるが、サンプルサイズ $n = 36$ は大きいので、中心極限定理（定理 86）より、不偏分散の実現値 $u^2 = 3600$ を用いて、確率変数として標本平均 $\bar{X}$ は、近似的に正規分布 $N(\mu, \frac{3600}{36}) = N(\mu, 100)$ に従う。

標準化して

$$Z = \frac{\bar{X} - 400}{\sqrt{100}} = \frac{\bar{X} - 400}{10}$$

とおくと、定理 62 より、確率変数 Z は標準正規分布 $N(0, 1)$ に従う。

このとき、有意水準 5 %なので、(2) より

$$\mathrm{P}(|Z| > c) = 0.05 \ \Leftrightarrow \ 1{-}2\mathrm{P}(0 \leqq Z \leqq c) = 0.01 \ \Leftrightarrow \ \mathrm{P}(0 \leqq Z \leqq c) = 0.475$$

を満たす c を求めることになる。

標準正規分布表（など）により、$c = 1.96$ が得られる。これより、

$$\begin{aligned} |Z| > 1.96 \quad &\Longleftrightarrow \quad Z < -1.96, \quad 1.96 < Z \\ \Longleftrightarrow \quad &\bar{X} < 400 - 1.96 \times 10, \quad 400 + 1.96 \times 10 < \bar{X} \\ \Longleftrightarrow \quad &\bar{X} < 380.4,\ 419.6 < \bar{X} \end{aligned}$$

したがって、有意水準 5 %の棄却域は $R = \{x < 380.4,\ 419.6 < x\}$ である。

(4) 実現値は 385 (万円) で、(3) で求めた棄却域 R に入っていないことがわかる。したがって、帰無仮説は棄却されない。つまり、有意水準 5 %においてこのデータからは、今年の給与所得者の年収の平均は、昨年と変わったとまでは言えそうにない。 □

7.3 母比率の検定

母比率は、第 5.5 節で述べたように、二項母集団において母集団の特性をもつものの比率である。したがって、特性を適切に設定することにより、母集団を二項母集団と考えることができる。例えば世論調査の政党支持率は、

全世帯に対し、ある政党を「支持する」「支持しない」という特性で二項母集団と考えて、その母比率を調査し、検定するわけである。二項母集団に対して、標本の大きさ n が大きい場合、母比率 p を有意水準 α で仮説検定することを考えよう。

170 ページの定理 88 より、n が大きい場合、標本比率 $\hat{P}$ の分布は、正規分布 $N(E[\hat{P}], V[\hat{P}]) = N(p, \dfrac{p(1-p)}{n})$ で近似できる。

そこで、標準化 $Z = \dfrac{\hat{P} - p}{\sqrt{\frac{p(1-p)}{n}}}$ すると、定理 62 より、確率変数 Z は標準正規分布 $N(0,1)$ に従う。

このとき、有意水準 α に対応する適切な値 c を求め、棄却域を設定し、検定することになる。

例題 7.3

さいころを1個、自作した。実は、通常のさいころよりも6の目が出やすいように作製したと思っている。実際に、このさいころを無作為に 125 回投げたら、6の目が 43 回出た。このデ－タから6の目が出やすいかどうかを検定したい。

(1) 何を検定するのか答えなさい。

(2) 帰無仮説 H_0 を式で表しなさい。

(3) 対立仮説 H_1 を式で表しなさい。

(4) 有意水準5％の棄却域 R を求めなさい。

(5) 有意水準5％の検定の結論を述べなさい。

解答 自作したさいころが6の目が出やすいかどうかを検定するわけだが、この場合、さいころを投げたとき、6の目が出たら1、出なかったら0を対応させると、さいころの投げた回数の集合は、二項母集団と考えられる。この場合、さいころを投げた回数は不明なのだが（母集団の要素の個数は無限と考えてもよい)、自作したさいころの6の目が出る確率（母比率）p は常に一定の値だと考える。そうして、通常のさいころの6の目が出る確率 $\frac{1}{6}$ と母比率 p を比較して検定する。

(1) 自作したさいころは6の目が出やすいことかどうか（その確率（母比率）p が $\frac{1}{6}$ より大きいかどうか）を検定する。

(2) 母比率 p が通常のさいころ6の目が出る確率 $\frac{1}{6}$ と等しいと仮定するので、H_0 は $p=\frac{1}{6}$ と表せる。

(3) 6の目が出やすいことを主張したいので、片側検定であり、H_1 は $p>\frac{1}{6}$ と表せる。

(4) 定理 88 より、標本比率 $\hat{P}$ は、近似的に正規分布 $N(\frac{1}{6}, \frac{\frac{1}{6}\times\frac{5}{6}}{125}) = N(\frac{1}{6}, \frac{1}{900})$ に従うので、標準化

$$Z=\frac{\hat{P}-\frac{1}{6}}{\sqrt{\frac{1}{900}}}=30(\hat{P}-\frac{1}{6})$$

すると、定理 62 より、確率変数 Z は標準正規分布 $N(0,1)$ に従う。

このとき、有意水準 5 %なので、(3) より

$$\mathrm{P}(c<Z)=0.05 \iff 0.5-\mathrm{P}(0\leqq Z\leqq c)=0.05 \iff \mathrm{P}(0\leqq Z\leqq c)=0.45$$

を満たす c を求めることになる。

標準正規分布表（など）により、$c=1.645$ が得られ、

$$1.645<Z \iff 1.645<30(\hat{P}-\frac{1}{6}) \iff \frac{1}{6}+1.645\times\frac{1}{30}<\hat{P}$$

これより、$0.2215<\hat{P}$ が得られる。

したがって、求める棄却域は $R=\{0.2215<x\}$ である。

(5) 125 回の試行の結果、6の目が 43 回出たので、標本比率の実現値 $\hat{p}_0=\frac{43}{125}=0.344$ で、(4) で求めた棄却域 R に入っていることがわかる。したがって、帰無仮説は棄却される。つまり、有意水準 5 %においてこのデータからは、自作したさいころは6の目が出やすいと主張できる。 □

コインが公正に作製されていれば、コインを投げたとき、表・裏の出る可能性は同様に確からしい、すなわち、数学的理想状態で、どちらの出る確率も $\frac{1}{2}$ である。ただ現実的には、ピタリと $\frac{1}{2}$ になるわけではないので、試行を繰り返すことにより、コインが公正に作製されているかどうか、例37を含めて、他の場合も比較して、検定してみよう。

例題 7.4

コインCは、100回投げて55回表が出た。コインCの場合、試行の回数（サンプルサイズ）に対する比率（実現率）は、$\frac{55}{100} = 55\,\%$である。コインDは、10000回投げて5500回表が出た。コインDの場合、サンプルサイズに対する実現率は、$\frac{5500}{10000} = 55\,\%$である。

さて、コインC、コインDは、それぞれ公正に作製されているのだろうか？と考えていると、コインCもコインDも実現率は同じなので、公正に作製されているかどうかの検定結果も同じになるのではないか？ということが考えられてる。

(1) コインが公正に作製されているかどうかについて、サンプルサイズを n として、有意水準5%の棄却域 R を求めなさい。

(2) コインCに対して、有意水準5%の検定の結論を述べなさい。

(3) コインDに対して、有意水準5%の検定の結論を述べなさい。

解答　(1) コインが公正に作製されているかどうかを検定するわけだが、この場合、コインを投げたとき、表が出たら1、出なかったら0を対応させるとコインの投げた回数の集合は、二項母集団と考えられる。この場合、さいころを投げた回数は n で不明なのだが、その指定されたコインの表が出る確率（母比率）p は常に一定の値だと考えられる。そうして、母比率 p を、公正に作製されたコインの表が出る確率 $\frac{1}{2}$ と比較して検定する。

母比率 p が $\frac{1}{2}$ に一致すると仮定するので、H_0 は $p = \frac{1}{2}$ と表せる。H_0 に対して、コインが公正に作製されているかどうかなので、両側検定であり、

H_1 は $p \neq \dfrac{1}{2}$ と表せる。

ここで、定理 88 より、標本比率 $\hat{P}$ は、近似的に正規分布 $N(\dfrac{1}{2}, \dfrac{\frac{1}{2} \times \frac{1}{2}}{n}) = N(\dfrac{1}{2}, \dfrac{1}{4n})$ に従うので、標準化

$$Z = \frac{\hat{P} - \frac{1}{2}}{\sqrt{\frac{1}{4n}}} = 2\sqrt{n}(\hat{P} - \frac{1}{2})$$

すると、定理 62 より、確率変数 Z は標準正規分布 $N(0,1)$ に従う。

このとき、両側検定で、有意水準 5 %なので、

$$\mathrm{P}(|Z| > c) = 0.05 \;\Leftrightarrow\; 1{-}2\mathrm{P}(0 \leqq Z \leqq c) = 0.05 \;\Leftrightarrow\; \mathrm{P}(0 \leqq Z \leqq c) = 0.475$$

を満たす c を求めることになる。

標準正規分布表（など）により、$c = 1.96$ が得られる。これより、

$$\begin{aligned} & |Z| > 1.96 \quad\Longleftrightarrow\quad Z < -1.96, \quad 1.96 < Z \\ \Longleftrightarrow\quad & \hat{P} < \frac{1}{2} - 1.96 \times \frac{1}{2\sqrt{n}}, \quad \frac{1}{2} + 1.96 \times \frac{1}{2\sqrt{n}} < \hat{P} \\ \Longleftrightarrow\quad & \hat{P} < 0.5 - \frac{0.98}{\sqrt{n}},\ 0.5 + \frac{0.98}{\sqrt{n}} < \hat{P} \end{aligned}$$

したがって、n 回コインを投げるとき、求める棄却域は

$$R = \{x < 0.5 - \frac{0.98}{\sqrt{n}},\ 0.5 + \frac{0.98}{\sqrt{n}} < x\} \tag{7.2}$$

(2) コイン C は、100 回投げているので、$n = 100$ を (7.2) に代入すると、棄却域 R_C は

$$R_C = \{x < 0.402,\ 0.598 < x\}$$

であり、55 回表が出たので、標本比率の実現値 $\hat{p}_0 = \dfrac{55}{100} = 0.55$ で、棄却域 R_C に入っていないことがわかる。したがって、帰無仮説は棄却されない。つまり、有意水準 5 %においてこのデータからは、コイン C は公正に作製さ

れていないとまでは言えそうにない。

※ **この場合、有意水準 30 %として棄却域**を求めてみると、両側検定で、

$$\mathrm{P}(|Z| > c) = 0.30 \iff 1{-}2\mathrm{P}(0 \leqq Z \leqq c) = 0.30 \iff \mathrm{P}(0 \leqq Z \leqq c) = 0.35$$

を満たす c を求めることになる。標準正規分布表（など）により、$c = 1.035$ が得られる。これより、

$$|Z| > 1.035 \iff Z < -1.035, \quad 1.035 < Z$$
$$\iff \hat{P} < \frac{1}{2} - 1.035 \times \frac{1}{2\sqrt{100}}, \quad \frac{1}{2} + 1.035 \times \frac{1}{2\sqrt{100}} < \hat{P}$$

したがって、有意水準 30 %の棄却域は

$$R = \{x < 0.44825,\ 0.55175 < x\} \tag{7.3}$$

標本比率の実現値 $\hat{p}_0 = \dfrac{55}{100} = 0.55$ で、棄却域 R_C に入っていないことがわかる。

※ **更に、有意水準 35 %として棄却域**を求めてみると、両側検定で、

$$\mathrm{P}(|Z| > c) = 0.35 \iff 1{-}2\mathrm{P}(0 \leqq Z \leqq c) = 0.35 \iff \mathrm{P}(0 \leqq Z \leqq c) = 0.325$$

を満たす c を求めることになる。標準正規分布表（など）により、$c = 0.935$ が得られる。これより、

$$|Z| > 0.935 \iff Z < -0.935, \quad 0.935 < Z$$
$$\iff \hat{P} < \frac{1}{2} - 0.935 \times \frac{1}{2\sqrt{100}}, \quad \frac{1}{2} + 0.935 \times \frac{1}{2\sqrt{100}} < \hat{P}$$

したがって、有意水準 35 %の棄却域は

$$R = \{x < 0.45325,\ 0.54675 < x\} \tag{7.4}$$

標本比率の実現値 $\hat{p}_0 = \dfrac{55}{100} = 0.55$ で、棄却域 R_D に入っていることがわかる。したがって、帰無仮説は棄却される。つまり、有意水準 35 %においてこのデータからは、「コイン C は公正に作製されていない」と主張される。

ただ、有意水準は、危険率と一致するので、この主張が誤っている確率35％ということになる。**有意水準5％において棄却されなかった帰無仮説は、第1種の誤りを起こす確率が35％で棄却されることなので、強く主張できるだろうか？195ページで述べたように、この意味で、棄却されなかった帰無仮説は、肯定的な根拠が希薄で、強く主張できそうにないのである。**

(3) コインDは、10000回投げているので、$n = 10000$ を (7.2) に代入すると、棄却域 R_D は

$$R_D = \{x < 0.4902,\ 0.5098 < x\}$$

であり、5500回表が出たので、標本比率の実現値 $\hat{p}_0 = \dfrac{5500}{10000} = 0.55$ で、棄却域 R_D に入っていることがわかる。したがって、帰無仮説は棄却される。つまり、有意水準5％においてこのデータからは、コインDは公正に作製されていないと考えられる。 □

上記の例題7.4より、同じ実現率であっても、試行回数により結論は違ってくることがわかる。これは、172ページの定理89で示した大数の法則をきちんと学べば、理解できる現象であろう。大数の法則より、サンプルサイズ n が大きくなるにつれて、標本比率は母比率の近くに分布するわけなので、コインが公正に作製されていれば、サンプルサイズが100より10000の方が、公正なコインの母比率0.5の近くに分布する。つまり、10000回コインを投げれば、理想的に表が出る回数は5000回であるが、それに対し、5500回は公正に作製されていると、めったに出ない回数なのである。

7.4 検出力

検出力 は、196ページで述べたように、195ページの過誤のうち、第2種の誤りを起こす確率を β とすれば、検出力は $1 - \beta$ で表されることになる。つまり、検出力は、第2種の誤りを起こさない確率、第2種の誤りを間違いとして明らかにする確率であり、**帰無仮説 H_0 を採択するときに、H_0 を肯定**

するという主張が可能となるのは、検出力が大きい場合である。

$$\textbf{検出力} = 1 - \beta = H_0 \text{が正しくない場合に正しく} H_0 \text{を棄却する確率} \quad (7.5)$$

例として、正規母集団で母分散 σ^2 が既知である場合に、有意水準を α とするときの母平均 μ の両側検定について考えてみよう。

帰無仮説を母平均が μ_0 であるし、それに対し母平均は μ_0 とは異なると対立仮説を立てる。式で表すと、

帰無仮説 $H_0：\mu = \mu_0$　　　　対立仮説 $H_1：\mu \neq \mu_0$

サンプルサイズ n の標本調査による標本平均 $\bar{X}$ は、166 ページの定理 85 より、確率変数として標本平均 $\bar{X}$ は、正規分布 $N(\mu, \dfrac{\sigma^2}{n})$ に従う。これより、標準化して $Z = \dfrac{\bar{X} - \mu_0}{\sqrt{\frac{\sigma^2}{n}}}$ とおくと、定理 62 より、確率変数 Z は標準正規分布 $N(0, 1)$ に従う。このとき、有意水準 α なので、確率を考察して、

$$\mathrm{P}(|Z| > c) = \alpha$$

を満たす c を求める。これは、帰無仮説 $H_0：\mu = \mu_0$ が正しいと仮定したとき、H_0 が棄却される、すなわち、 H_0 が間違いである確率を表している。

ここで、帰無仮説 $H_0：\mu = \mu_0$ が間違いとすれば、$\mu \neq \mu_0$ が成立することになるので、母平均 μ を用いて

$$W = \frac{\bar{X} - \mu}{\sqrt{\frac{\sigma^2}{n}}}$$

とおくと、確率変数 W は標準正規分布 $N(0, 1)$ に従うことになる。このとき、

$$W = \frac{\bar{X} - \mu_0 + \mu_0 - \mu}{\sqrt{\frac{\sigma^2}{n}}} = \frac{\bar{X} - \mu_0}{\sqrt{\frac{\sigma^2}{n}}} + \frac{\mu_0 - \mu}{\sqrt{\frac{\sigma^2}{n}}} = Z - \frac{\mu - \mu_0}{\sqrt{\frac{\sigma^2}{n}}}$$

だから、$\lambda = \dfrac{\mu - \mu_0}{\sqrt{\frac{\sigma^2}{n}}} = \dfrac{\mu - \mu_0}{\sigma}\sqrt{n}$ とおくと、$Z = W + \lambda$ と表せる。H_0 を棄却する確率が $\mathrm{P}(|Z| > c)$ であり、検出力 $1 - \beta$ は H_0 が正しくない場合にきちんと H_0 を棄却する確率だから、検出力 $1 - \beta$ は、確率変数 W の確率

として確率 $\mathrm{P}(|Z| > c)$ と一致する。したがって、

$$\begin{aligned} 1-\beta &= \mathrm{P}(\,|Z| > c\,) = \mathrm{P}(\,|W+\lambda| > c\,) \\ &= \mathrm{P}\big(W+\lambda < -c\big) + \mathrm{P}\big(W+\lambda > c\big) \\ &= \mathrm{P}\big(W < -\lambda - c\big) + \mathrm{P}\big(W > -\lambda + c\big) \\ &= 1 - \mathrm{P}\big(-\lambda - c \leqq W \leqq -\lambda + c\big) \end{aligned}$$

これより、両側検定における検出力 $1-\beta$ について、次が得られる。

$$1-\beta = \mathrm{P}\big(W < -\lambda - c\big) + \mathrm{P}\big(W > -\lambda + c\big) = 1 - \mathrm{P}\big(-\lambda - c \leqq W \leqq -\lambda + c\big) \tag{7.6}$$

同様にして、片側検定について考えてみよう。

母平均が μ_0 より小さい（大きい）と対立仮説を立て、式で表す。

帰無仮説 H_0：$\mu = \mu_0$　　　対立仮説 H_1：$\mu < \mu_0$　$(\mu > \mu_0)$

標準化 $Z = \dfrac{\bar{X} - \mu_0}{\sqrt{\frac{\sigma^2}{n}}}$ して、有意水準 α より、確率を考察して、

$$\mathrm{P}(Z < -c) = \alpha \qquad \big(\mathrm{P}(Z > c) = \alpha\big)$$

を満たす c を求める。

ここで、帰無仮説 H_0：$\mu = \mu_0$ が間違いとすれば、母平均 μ を用いて $W = \dfrac{\bar{X} - \mu}{\sqrt{\frac{\sigma^2}{n}}}$ とおくと、確率変数 W は標準正規分布 $N(0,1)$ に従うことになり、$\lambda = \dfrac{\mu - \mu_0}{\sigma}\sqrt{n}$ とおくと、$Z = W + \lambda$ が得られる。H_0 を棄却する確率が $\mathrm{P}(Z < -c)$ $\big(\mathrm{P}(Z > c)\big)$ だから、検出力 $1-\beta$ は、確率変数 W の確率として確率 $\mathrm{P}(Z < -c)$ $\big(\mathrm{P}(Z > c)\big)$ と一致する。したがって、

$$1-\beta = \mathrm{P}(\,Z < -c\,) = \mathrm{P}(\,W+\lambda < -c\,) = \mathrm{P}(\,W < -\lambda - c\,)$$
$$\Big(1-\beta = \mathrm{P}(\,Z > c\,) = \mathrm{P}(\,W+\lambda > c\,) = \mathrm{P}(\,W > -\lambda + c\,)\Big)$$

これより、片側検定における検出力 $1-\beta$ について、次が得られる。

小さい場合：$1-\beta = \mathrm{P}(\,W < -\lambda - c\,) = 1 - \mathrm{P}\big(W \geqq -\lambda - c\big)$　(7.7)

大きい場合：$1-\beta = \mathrm{P}(\,W > -\lambda + c\,) = 1 - \mathrm{P}\big(W \leqq -\lambda + c\big)$　(7.8)

検出力 $1-\beta$ の値は、式 (7.6), (7.7), (7.8) から不明な母平均 μ の値により変わってしまうことがわかる。

また、サンプルサイズ n が大きくなると、$|\lambda| = \left|\dfrac{\mu-\mu_0}{\sqrt{\frac{\sigma^2}{n}}}\right| = \left|\dfrac{\mu-\mu_0}{\sigma}\sqrt{n}\right|$ が大きくなるので、両側検定では $\mathrm{P}\bigl(-\lambda-c \leqq W \leqq -\lambda+c\bigr)$ の値が、片側検定では、λ の符号に注意すれば $\mathrm{P}\bigl(W \geqq -\lambda-c\bigr)$, $\mathrm{P}\bigl(W \leqq -\lambda+c\bigr)$ の値が、小さくなって、式 (7.6), (7.7), (7.8) より、検出力 $1-\beta$ は大きくなることもわかる。もちろん、λ の値は、μ により変化する。

このように考えると、検出力 $1-\beta$ は λ を（不確定）変数とする関数である。

ここで、$\lambda = \dfrac{\mu-\mu_0}{\sigma}\sqrt{n}$ であるから、λ を決定するには、サンプルサイズ n と $\dfrac{\mu-\mu_0}{\sigma}$ の値が決まればよい。ただ、不確定な値であるので、決まるわけがない。そこで、値が決まったと仮定すれば、その値により λ が決まり、式 (7.6) により、仮定した値に対して検出力 $1-\beta$ を求めることができ、これらの値についてグラフが描くことができる。一般的に、横軸に λ、縦軸に検出力 $1-\beta$ として描かれたグラフは**検出力曲線** と呼ばれる。

※ 仮定する値や仮説検定それぞれ場合により、検出力曲線の形状は異なる。

さて、検出力 $1-\beta$ を求めるには、λ を決定するサンプルサイズ n と $\dfrac{\mu-\mu_0}{\sigma}$ の値を仮定すれば良いことはわかったが、どのようにして仮定すればよいのだろうか。現実的には、例えば音の大きさの変化を認識できるのはどれくらい変わった場合なのだろうかを考えてみよう。音が小さくなったとしても、ほんの 0.01dB であれば、確かに変化には違いないが、それでは「小さくなった」とは主張できないであろう。では、変わったと認識できる程度というのはどれくらいか、という目標や基準は、それぞれの状況で設定されている場合が多い。

つまり、それぞれの場面に、経験的に意味がある変化量の基準、目標や範囲が設定されていれば、対立仮説において、変化する $(\mu \neq \mu_0)$ 場合、大きくなる $(\mu > \mu_0)$ 場合や小さくなる $(\mu < \mu_0)$ 場合を考えるとき、その目標・範囲を考慮すれば、検出力を求めることができることになる。これを応用す

れば、検出力をできるだけ大きくするようなサンプルサイズ n を考えることができる。

例題 7.5

家庭用発電機の稼働時の音の大きさについて、その差が 4（dB）以上あれば、音の大きさの違いが一般的に認識できるとされている。あるメーカーが、稼働時の音の大きさを抑えた家庭用発電機の新製品を発売することになった。新製品の稼働時の音の改良について有意水準 1 %で検定する場合、検出力が 90 %以上になるようなサンプルサイズ n を求めなさい.。ただし、このメーカーの家庭用発電機の音の大きさは、母分散 25 の正規分布に従うとする。

解答　新製品の稼働時の音の改良について検定するので、その平均を μ、従来製品の稼働時の音の平均を μ_0 とし、これらの 2 つの平均を比較することで検定する。ここでは、新製品の音の大きさが、従来品より改良されたかということは、音が小さくなったことを主張したいので、

帰無仮説 $H_0：\mu = \mu_0$　　　対立仮説 $H_1：\mu < \mu_0$

である。

サンプルサイズ n の標本平均 $\bar{X}$ は、正規分布 $N(\mu, \frac{\sigma^2}{n})$ に従う。これより、標準化して $Z = \frac{\bar{X} - \mu_0}{\sqrt{\frac{\sigma^2}{n}}}$ とおくと、定理 62 より、確率変数 Z は標準正規分布 $N(0, 1)$ に従う。このとき、有意水準 1 % なので、確率を考察して、

$$\mathrm{P}(Z < -c) = 0.01$$

を満たす c を（標準正規分布表などから）求めると、$c = 2.326$ が得られる。

ここで、条件より音の大きさの差が 4 以上だから、対立仮説 H_1 より $\mu - \mu_0 < 0$ であることに注意すると、$\mu - \mu_0 \leqq -4$ が得られる。さらに、このメーカーの家庭用発電機の音の大きさは、母分散 25 の正規分布に従うので、新製品についても適用できると考えられ、$\sigma^2 = 25$ とすることができる。

これより、$\mu - \mu_0 = -4$ として、$\lambda = \frac{\mu - \mu_0}{\sigma}\sqrt{n}$ とすると、

$$\lambda = \frac{\mu - \mu_0}{\sigma}\sqrt{n} = \frac{-4}{5}\sqrt{n} = -\frac{4}{5}\sqrt{n}$$

だから、式 (7.7) より、検出力 $1-\beta$ が 90 %である場合は、

$$\begin{aligned} 0.9 = 1-\beta &= \mathrm{P}(\, W < -\lambda - c\,) \\ &= 1 - \mathrm{P}\bigl(W \geqq -\lambda - 2.326\bigr) = 1 - \mathrm{P}\Bigl(W \geqq \frac{4}{5}\sqrt{n} - 2.326\Bigr) \end{aligned}$$

(n が大きくなると検出力は大きくなるので $\frac{4}{5}\sqrt{n} - 2.326 > 0$ と考えてよい)

$$\mathrm{P}\Bigl(W \geqq \frac{4}{5}\sqrt{n} - 2.326\Bigr) = 0.1 \quad \Leftrightarrow \quad 0.5 - \mathrm{P}\Bigl(0 \leqq W \leqq \frac{4}{5}\sqrt{n} - 2.326\Bigr) = 0.1$$

だから、$\mathrm{P}\Bigl(0 \leqq W \leqq \frac{4}{5}\sqrt{n} - 2.326\Bigr) = 0.4$ を満たす $\frac{4}{5}\sqrt{n} - 2.326$ を求めることになり、（標準正規分布表などにより）$\frac{4}{5}\sqrt{n} - 2.326 = 1.282$ が得られる。したがって、

$$\frac{4}{5}\sqrt{n} = 3.608 \iff \sqrt{n} = 4.510 \iff n = 20.3401 \tag{7.9}$$

サンプルサイズ n が大きくなると、$|\lambda|$ が大きくなり、その結果、検出力 $1-\beta$ は大きくなるので、(7.9) より、検出力が 90 %以上になるようなサンプルサイズ n は

$$n \geqq 21$$

であることがわかる。 □

上記の例題 7.5では、サンプルサイズが 21 以上であれば、変化が認識できる範囲で、高い検出力 90 %が保たれることになる。このように、サンプルサイズをコントロールできれば、検定する場合、帰無仮説を採択する結果に対し、「変わったとまでは言えない」という表現ではなく、「認識できる変化はない」という主張ができる。つまり、仮説検定において、検出力について考察すれば、帰無仮説を採択する場合に、肯定的な根拠を示せるようになる。

仮説を立てて、それが妥当なのかを統計的、確率的、そして論理的に判断できるように、もっと興味を持って学び続けることを願っている。

標準正規分布表

$$P(0 \leqq X \leqq c) = \int_0^c \frac{1}{\sqrt{2\pi}} e^{-\frac{1}{2}x^2} dx$$

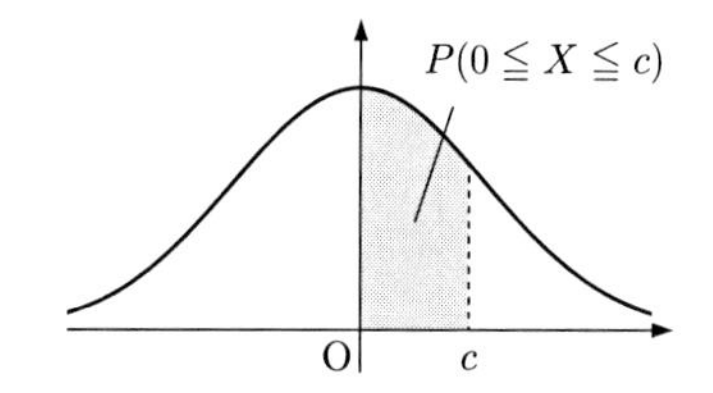

c	0	1	2	3	4	5	6	7	8	9
0.0	0.0000	0.0040	0.0080	0.0120	0.0160	0.0199	0.0239	0.0279	0.0319	0.0359
0.1	0.0398	0.0438	0.0478	0.0517	0.0557	0.0596	0.0636	0.0675	0.0714	0.0753
0.2	0.0793	0.0832	0.0871	0.0910	0.0948	0.0987	0.1026	0.1064	0.1103	0.1141
0.3	0.1179	0.1217	0.1255	0.1293	0.1331	0.1368	0.1406	0.1443	0.1480	0.1517
0.4	0.1554	0.1591	0.1628	0.1664	0.1700	0.1736	0.1772	0.1808	0.1844	0.1879
0.5	0.1915	0.1950	0.1985	0.2019	0.2054	0.2088	0.2123	0.2157	0.2190	0.2224
0.6	0.2257	0.2291	0.2324	0.2357	0.2389	0.2422	0.2454	0.2486	0.2517	0.2549
0.7	0.2580	0.2611	0.2642	0.2673	0.2704	0.2734	0.2764	0.2794	0.2823	0.2852
0.8	0.2881	0.2910	0.2939	0.2967	0.2995	0.3023	0.3051	0.3078	0.3106	0.3133
0.9	0.3159	0.3186	0.3212	0.3238	0.3264	0.3289	0.3315	0.3340	0.3365	0.3389
1.0	0.3413	0.3438	0.3461	0.3485	0.3508	0.3531	0.3554	0.3577	0.3599	0.3621
1.1	0.3643	0.3665	0.3686	0.3708	0.3729	0.3749	0.3770	0.3790	0.3810	0.3830
1.2	0.3849	0.3869	0.3888	0.3907	0.3925	0.3944	0.3962	0.3980	0.3997	0.4015
1.3	0.4032	0.4049	0.4066	0.4082	0.4099	0.4115	0.4131	0.4147	0.4162	0.4177
1.4	0.4192	0.4207	0.4222	0.4236	0.4251	0.4265	0.4279	0.4292	0.4306	0.4319
1.5	0.4332	0.4345	0.4357	0.4370	0.4382	0.4394	0.4406	0.4418	0.4429	0.4441
1.6	0.4452	0.4463	0.4474	0.4484	0.4495	0.4505	0.4515	0.4525	0.4535	0.4545
1.7	0.4554	0.4564	0.4573	0.4582	0.4591	0.4599	0.4608	0.4616	0.4625	0.4633
1.8	0.4641	0.4649	0.4656	0.4664	0.4671	0.4678	0.4686	0.4693	0.4699	0.4706
1.9	0.4713	0.4719	0.4726	0.4732	0.4738	0.4744	0.4750	0.4756	0.4761	0.4767
2.0	0.4772	0.4778	0.4783	0.4788	0.4793	0.4798	0.4803	0.4808	0.4812	0.4817
2.1	0.4821	0.4826	0.4830	0.4834	0.4838	0.4842	0.4846	0.4850	0.4854	0.4857
2.2	0.4861	0.4864	0.4868	0.4871	0.4875	0.4878	0.4881	0.4884	0.4887	0.4890
2.3	0.4893	0.4896	0.4898	0.4901	0.4904	0.4906	0.4909	0.4911	0.4913	0.4916
2.4	0.4918	0.4920	0.4922	0.4925	0.4927	0.4929	0.4931	0.4932	0.4934	0.4936
2.5	0.4938	0.4940	0.4941	0.4943	0.4945	0.4946	0.4948	0.4949	0.4951	0.4952
2.6	0.4953	0.4955	0.4956	0.4957	0.4959	0.4960	0.4961	0.4962	0.4963	0.4964
2.7	0.4965	0.4966	0.4967	0.4968	0.4969	0.4970	0.4971	0.4972	0.4973	0.4974
2.8	0.4974	0.4975	0.4976	0.4977	0.4977	0.4978	0.4979	0.4979	0.4980	0.4981
2.9	0.4981	0.4982	0.4982	0.4983	0.4984	0.4984	0.4985	0.4985	0.4986	0.4986
3.0	0.4987	0.4987	0.4987	0.4988	0.4988	0.4989	0.4989	0.4989	0.4990	0.4990
3.1	0.4990	0.4991	0.4991	0.4991	0.4992	0.4992	0.4992	0.4992	0.4993	0.4993
3.2	0.4993	0.4993	0.4994	0.4994	0.4994	0.4994	0.4994	0.4995	0.4995	0.4995
3.3	0.4995	0.4995	0.4995	0.4996	0.4996	0.4996	0.4996	0.4996	0.4996	0.4997
3.4	0.4997	0.4997	0.4997	0.4997	0.4997	0.4997	0.4997	0.4997	0.4997	0.4998
3.5	0.4998	0.4998	0.4998	0.4998	0.4998	0.4998	0.4998	0.4998	0.4998	0.4998
3.6	0.4998	0.4998	0.4999	0.4999	0.4999	0.4999	0.4999	0.4999	0.4999	0.4999
3.7	0.4999	0.4999	0.4999	0.4999	0.4999	0.4999	0.4999	0.4999	0.4999	0.4999

ギリシャ文字

大文字	小文字	読み方
A	α	alpha：アルファ
B	β	beta ：ベータ
Γ	γ	gamma：ガンマ
Δ	δ	delta：デルタ
E	ε	epsilon：イプシロン
Z	ζ	zeta：ゼータ, ツェータ
H	η	eta：エータ
Θ	θ	theta：シータ
I	ι	iota：イオタ
K	κ	kappa：カッパ
Λ	λ	lambda：ラムダ
M	μ	mu：ミュー
N	ν	nu：ニュー
Ξ	ξ	xi：クシー, グザイ
O	o	omicron：オミクロン
Π	π	pi：パイ
P	ρ	rho：ロー
Σ	σ	sigma：シグマ
T	τ	tau：タウ
Υ	υ	upsilon：ユプシロン
Φ	φ	phi：ファイ
X	χ	chi：カイ
Ψ	ψ	psi：プサイ
Ω	ω	omega：オメガ

索 引

さ行

た行

な行

は行

ま行

や行

ら行

わ行

著　者

本田　竜広　　専修大学商学部 教授

基礎（きそ）からの数理統計（すうりとうけい）・データ分析入門（ぶんせきにゅうもん）

2022年3月30日　第1版　第1刷　発行
2023年3月30日　第2版　第1刷　発行
2024年3月20日　第3版　第1刷　印刷
2024年3月30日　第3版　第1刷　発行

著　者　本田（ほんだ）　竜広（たつひろ）
発行者　発田和子
発行所　株式会社 学術図書出版社
〒113−0033　東京都文京区本郷5丁目4の6
TEL 03−3811−0889　振替 00110−4−28454
印刷　三和印刷（株）

定価は表紙に表示してあります．

ISBN978−4−7806−1193−9　C3041